高等学校计算机专业核心课
名师精品·系列教材

计算机操作系统

实验指导

Linux版｜附微课视频

王红玲 褚晓敏 **主编**

汤小丹 **主审**

EXPERIMENT GUIDE FOR COMPUTER OPERATING SYSTEM

人民邮电出版社

北京

图书在版编目（CIP）数据

计算机操作系统实验指导：Linux版：附微课视频 / 王红玲，褚晓敏主编. -- 北京：人民邮电出版社，2021.12
高等学校计算机专业核心课名师精品系列教材
ISBN 978-7-115-58064-1

Ⅰ. ①计… Ⅱ. ①王… ②褚… Ⅲ. ①Linux操作系统－高等学校－教材 Ⅳ. ①TP316.89

中国版本图书馆CIP数据核字(2021)第242222号

内 容 提 要

本书是《计算机操作系统》一书的配套实验教材，分为两篇：基础实验篇和进阶实验篇。基础实验篇与"操作系统理论课程"配套，作为课程的课内实验，用于对操作系统基本原理和算法进行验证与模拟，主要内容包括实验体系介绍、实验环境搭建与使用、进程控制与进程调度、进程通信与进程同步、内存管理、简单文件系统设计等。这部分实验内容不涉及操作系统内核，相关实验的开展仅须用到 Linux 操作系统以及 C 语言编程的相关知识。进阶实验篇是为部分学校开设的"操作系统实践课程"服务的，内容包括 Linux 内核编译、系统调用、虚拟内存管理、内核模块编写、文件系统设计、设备管理等。这部分实验内容以 Linux 内核为实验对象，旨在帮助读者理解操作系统的基本原理、内部机制和体系结构，进而设计并生成能令自己满意的操作系统。

本书可作为计算机类、电子信息类等相关专业操作系统课程的补充教材，也可供 Linux 操作系统爱好者参考使用。

◆ 主　　编　王红玲　褚晓敏
　　主　　审　汤小丹
　　责任编辑　王　宣
　　责任印制　王　郁　马振武
◆ 人民邮电出版社出版发行　　北京市丰台区成寿寺路 11 号
　　邮编　100164　电子邮件　315@ptpress.com.cn
　　网址　https://www.ptpress.com.cn
　　三河市君旺印务有限公司印刷
◆ 开本：787×1092　1/16
　　印张：10.75　　　　　　2021 年 12 月第 1 版
　　字数：236 千字　　　　 2024 年 8 月河北第 9 次印刷

定价：42.00 元

读者服务热线：(010)81055256　印装质量热线：(010)81055316
反盗版热线：(010)81055315
广告经营许可证：京东市监广登字 20170147 号

"计算机操作系统"是计算机学科中的一门非常重要的专业类课程,同时也是一门实践性很强的技术性课程。各层次计算机软硬件开发人员都必不可少地需要了解操作系统的使用方法、基本原理、常用算法与技术等。高等学校计算机操作系统课程的实践教学一般包括课内实验和课外实现两部分。课内实验是随课堂教学进行的基础实验,以验证型实验为主;课外实现是学完操作系统理论课程后的实验环节,以综合型实验为主。

本书是计算机操作系统、操作系统原理等课程的实验教材,旨在引导读者在进行操作系统理论学习的同时,基于 Linux 操作系统开展相关实践,以帮助读者巩固所学理论。此外,本书也可作为 Linux 操作系统课程的实验教材。

■ 本书特色

1. 分层构建体系,内容布局合理

为满足不同学校对操作系统课程实践的要求,本书分为两篇:第一篇为基础实验篇,适用于操作系统课内实验,主要通过配套操作系统课程教学内容,实践操作系统中的重要算法、操作、技术等;第二篇为进阶实验篇,适用于部分学校开设的"操作系统实践课程"或"操作系统课程设计"等课程,以 Linux 内核为实验对象,瞄准其具体实现来编写不同实验。

2. 录制优质微课视频,支持随时随地自学

操作系统的实验涉及面较广,包括硬件知识、数据结构、程序设计语言等,因此实现较复杂;同时,本书使用 Linux 操作系统作为实验平台,并在进阶实验篇中设计或修改 Linux 内核,这会给读者带来一定难度。因此,编者为本书录制了多个微课视频,通过讲解每个实验的实现要点与关键操作步骤,帮助读者更好地完成实验。

3. 配套立体化教辅资源,全方位服务教师教学

为了帮助读者顺利完成各个实验,本书不仅介绍了与各实验相关的背景知识,还为院校教师配套建设了对应的实验指导 PPT、实验大纲、示例代码、实验结果说明、微课视频、相关软件安装包等教辅资源,以实现全方位服务教师教学。

■ 教学建议

教学建议

本书共 12 章,前 6 章属于基础实验篇,建议学时:16 学时。后 6 章属于进阶实验篇,建议学时:36 学时。大部分高校开设的操作系统课程的课内实验,可仅使用前 6 章。部分高校在操作系统课程之后开设的"操作系统实践课程"或"操作系统课程设计"等课程,可使用后 6 章。授课教师可根据所在学校分配给操

作系统课程的实验学时情况以及具体的开课情况安排教学，并对部分章节的内容进行灵活取舍。

在基础实验篇的 6 章中，第 1 章介绍操作系统实验体系，并给出了实验报告的样例，可由读者自学。第 2 章介绍实验环境（Linux 操作系统）的搭建与使用，如果读者对相关内容已有了解，则可直接跳过该章。下面给出针对操作系统实验教学的学时建议表。

学时建议表

实验类别	章序	章名	学时
基础实验篇	第 1 章	实验体系介绍	0（自学）
	第 2 章	实验环境搭建与使用	2
	第 3 章	进程控制与进程调度	2
	第 4 章	进程通信与进程同步	4
	第 5 章	内存管理	4
	第 6 章	简单文件系统设计	4
进阶实验篇	第 7 章	Linux 内核编译	6
	第 8 章	系统调用	4
	第 9 章	虚拟内存管理	6
	第 10 章	内核模块编写	4
	第 11 章	文件系统设计	8
	第 12 章	设备管理	8

■ 致谢

本书第 1～6、11 章由王红玲编写，第 7～10、12 章由褚晓敏编写；全书由王红玲统稿。编者由衷感谢汤小丹老师对本书的编写所给予的宏观指导以及对各章内容所给予的细致审查；同时，由衷感谢本书出版过程中在线上/线下评审会上提出宝贵修改建议的专家学者和院校老师，是大家的辛勤付出与专业把关，让本书内容变得更加优质。

鉴于编者水平有限，书中难免存在不妥之处，敬请广大读者朋友批评指正。

编　者
2021 年冬于苏州

第一篇　基础实验篇

第一篇

基础实验篇

第 1 章
实验体系介绍

操作系统实验是操作系统课程的重要组成部分,它用来验证并应用操作系统的相关原理与算法。本章主要介绍操作系统实验的目的、整个操作系统实验体系的构成以及实验报告的撰写,并给出一个实验报告样例供读者参考。

1.1 操作系统实验的目的

操作系统是计算机系统非常重要的组成部分之一,因而操作系统课程也是计算机专业的一门非常重要的专业课。操作系统课程内容综合了基础理论教学、课程实践教学、最新技术追踪等多项内容,是计算机专业课中非常难学的课程之一。

读者学习操作系统课程的目标,是理解操作系统在计算机系统中的作用和地位,熟练掌握并运用操作系统中的常用概念、方法、策略、算法和技术手段等内容。操作系统课程概念多、内容广、抽象强、难度大,因此,如何形象化地学习和理解操作系统中的抽象概念和原理,是操作系统课程学习所面临的一个难题。为此,学习操作系统课程不仅要学好原理,还要加强开展操作系统实验。操作系统实验一方面可以帮助读者实现理论联系实际,巩固所学的操作系统概念和原理;另一方面可以增强读者的实践能力,提高读者分析问题、解决问题的能力。

作为目前非常流行的操作系统之一,Linux 操作系统的最大特点是源代码开放。正是基于此特点,Linux 操作系统成为了操作系统课程学习与实践的良好选择。在 Linux 下使用 C 语言进行操作系统实验可以分为两个层次:第一个层次为验证型实验,即验证操作系统中的经典算法,以巩固读者所学的操作系统原理;第二个层次为设计型实验和综合型实验,主要是在分析 Linux 内核源代码的基础上,修改和设计部分内核功能,帮助读者进一步掌握操作系统原理,锻炼读者综合运用相关知识的能力。

1.2　操作系统实验体系的构成

为了满足不同层次学校对操作系统课程实验的要求，本实验教材基于 Linux 操作系统平台的实验环境，将操作系统实验分为"基础实验篇"和"进阶实验篇"。

1．基础实验篇

基础实验篇对应本书第 1～6 章，为第一层次的实验，可作为操作系统课程的课内实验，用于实践操作系统基本原理和算法的验证与模拟，主要内容包括 Linux 操作系统的使用、进程创建、进程通信、内存管理、简单文件系统设计等。这部分实验的开展只涉及 Linux 操作系统平台的使用和 C 语言程序设计，不涉及内核操作，即这部分实验主要使用 Linux 系统调用或 C 语言库函数来完成。本书第 2 章讲解实验环境的搭建与使用。已经掌握 Linux 命令行界面各种命令的使用方法的读者，可以跳过本章。

2．进阶实验篇

进阶实验篇对应本书第 7～12 章，为第二层次的实验，主要为部分高校开设的与操作系统理论课程配套的"操作系统实践课程"或"操作系统课程设计"等课程服务。这部分内容涉及操作系统的内核，以 Linux 内核为实验对象，帮助读者在了解和分析 Linux 内核源代码的基础上，通过修改或增加 Linux 内核功能，达到理解操作系统的基本原理、内部机制和体系结构，进而设计出自己满意的操作系统的目的。这部分内容包括 Linux 内核编译、系统调用、虚拟内存管理、内核模块编写、文件系统设计、设备管理等。这部分内容的实现对读者的 C 语言编程能力要求较高，同时需要相应健壮的实验环境（推荐使用在虚拟机上运行的 Linux 操作系统）。院校师生可以在有条件的情况下选择部分实验进行实践锻炼。

1.3　实验报告的撰写要求

本书主要涉及两类实验，第一类为基础实验，主要通过在 C 语言中使用 Linux 系统调用或库函数来编写用户态程序加以完成；第二类为进阶实验，主要通过修改内核、编译内核或内核模块、编写用户态程序加以完成。针对上述两类实验，读者每完成一个实验，都需要提交一份按照规范撰写的实验报告。

（1）对于基础实验，要求在实验报告中写出实验步骤、画出程序流程图或给出实验过程、提交源程序和运行结果等。

（2）对于进阶实验，要求在实验报告中写出实验方法和过程，提交实验过程中的屏幕截图、源代码和运行结果等。在实验报告的"实验结果"部分，需要分析实验的最终结果，以及实验中产生异常的原因。另外，关于 Linux 内核实验中会出现的各种各样的问题，以及这些问题是如何产生的，又是如何被解决的，通过本次实验取得了什么样的收获等内容，都可以写进实验报告的"实验总结"部分。

1.4 实验报告样例

实 验 报 告

院　　系：　<u>计算机学院</u>　专　　业：<u>计算机科学与技术</u>

姓　　名：　<u>张　三</u>　　学　　号：　<u>1827405023</u>

指导教师：　<u>王老师</u>　　实验日期：　<u>2021-05-23</u>

实验名称：<u>Linux 内核编译</u>

一、实验目的

熟悉 Linux 内核的编译过程，为后续章节中内核实验的开展做准备。

二、实验内容

（1）下载 Linux 最新内核。

（2）把版本号后面的 8 改为学生学号的后 3 位或者其他合适的数字。

（3）编译内核并将其替换到自己的 Linux 操作系统中。

（4）重启系统以验证结果。

三、实验步骤

（1）从 Linux 内核官网上下载版本号为 5.12.8 的 Linux 内核，并使用如下命令将压缩文件解压至/usr/src 目录下。

```
sudo tar -xvf linux-5.12.8.tar.xz -C /usr/src
```

（2）根据当前的实验环境（操作系统平台）情况，安装并升级编译内核所需要的软件包，例如：

```
sudo apt update && sudo apt upgrade
sudo apt-get install git
sudo apt-get install flex
sudo apt-get install bison
sudo apt-get install libncurses5-dev libssl-dev
sudo apt-get install build-essential openssl
sudo apt-get install zlibc minizip
sudo apt-get install libidn11-dev libidn11
```

（3）使用 vim 命令修改 Makefile 文件，将版本号中的第 3 位（即 SUBLEVEL）改为学生学号的后 3 位（如 023），修改结果如图 1.1 所示。

如果不是首次编译，则可通过执行如下命令来清除以前编译的痕迹；如果是首次编译，则可直接执行步骤（4）。

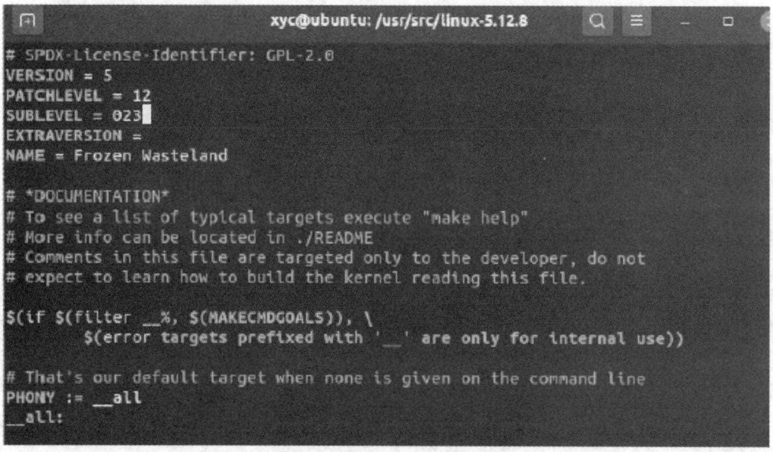

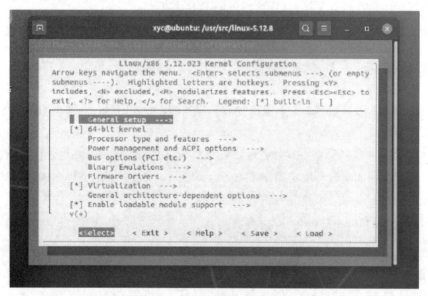

图 1.1　修改版本号中的第 3 位

① 执行 make mrproper 命令，清除当前目录（即内核源代码所在的目录）下所有的配置文件和先前生成内核时所产生的.o 文件。

② 执行 make clean 命令，清除上次编译所产生的中间文件。

（4）配置内核：执行 make menuconfig 命令以生成图形化界面，并进行内核配置；内核配置完成后，保存配置并退出。内核配置界面如图 1.2 所示。

图 1.2　内核配置界面

（5）编译内核：使用 sudo make -j8 命令编译内核，界面如图 1.3 所示，其中-j8 表示使用 8 个核进行编译。

（6）安装内核：使用 sudo make -j8 install 命令安装内核，界面如图 1.4 所示。

（7）安装内核模块：使用 sudo make -j8 modeules_install 命令安装内核模块，界面如图 1.5 所示。

```
xyc@ubuntu:/usr/src/linux-5.12.9$ sudo make -j8
warning: Cannot use CONFIG_STACK_VALIDATION=y, please install libelf-dev, libelf-devel or elfutils-libelf-devel
  CALL    scripts/atomic/check-atomics.sh
  CALL    scripts/checksyscalls.sh
  HOSTCC  usr/gen_init_cpio
  CC      ipc/compat.o
  CC      init/main.o
  CC      certs/system_keyring.o
  CC      arch/x86/entry/vdso/vma.o
  CC      kernel/sched/core.o
  CC      mm/filemap.o
  CC      fs/notify/dnotify/dnotify.o
  EXTRACT_CERTS
  GEN     usr/initramfs_data.cpio
  AR      fs/notify/dnotify/built-in.a
  SHIPPED usr/initramfs_inc_data
  AS      usr/initramfs_data.o
  AR      usr/built-in.a
  CC      fs/notify/inotify/inotify_fsnotify.o
  CC      ipc/util.o
  CC      arch/x86/entry/vsyscall/vsyscall_64.o
Generating X.509 key generation config
```

图 1.3　内核编译界面

```
xyc@ubuntu:/usr/src/linux-5.12.9$ sudo make -j8 install
sh ./arch/x86/boot/install.sh 5.12.023 arch/x86/boot/bzImage \
        System.map "/boot"
run-parts: executing /etc/kernel/postinst.d/apt-auto-removal 5.12.023 /boot/vmlinuz-5.12.023
run-parts: executing /etc/kernel/postinst.d/initramfs-tools 5.12.023 /boot/vmlinuz-5.12.023
update-initramfs: Generating /boot/initrd.img-5.12.023
run-parts: executing /etc/kernel/postinst.d/unattended-upgrades 5.12.023 /boot/vmlinuz-5.12.023
run-parts: executing /etc/kernel/postinst.d/update-notifier 5.12.023 /boot/vmlinuz-5.12.023
run-parts: executing /etc/kernel/postinst.d/zz-update-grub 5.12.023 /boot/vmlinuz-5.12.023
Sourcing file `/etc/default/grub'
Sourcing file `/etc/default/grub.d/init-select.cfg'
正在生成 grub 配置文件 ...
找到 Linux 镜像：/boot/vmlinuz-5.12.023
找到 initrd 镜像：/boot/initrd.img-5.12.023
找到 Linux 镜像：/boot/vmlinuz-5.4.0-42-generic
找到 initrd 镜像：/boot/initrd.img-5.4.0-42-generic
Found memtest86+ image: /boot/memtest86+.elf
Found memtest86+ image: /boot/memtest86+.bin
完成
```

图 1.4　内核安装界面

```
xyc@ubuntu:/usr/src/linux-5.12.9$ sudo make -j8 modules_install
[sudo] xyc 的密码：
  INSTALL arch/x86/crypto/aegis128-aesni.ko
  INSTALL arch/x86/crypto/aesni-intel.ko
  INSTALL arch/x86/crypto/blowfish-x86_64.ko
  INSTALL arch/x86/crypto/camellia-aesni-avx-x86_64.ko
  INSTALL arch/x86/crypto/camellia-aesni-avx2.ko
  INSTALL arch/x86/crypto/camellia-x86_64.ko
  INSTALL arch/x86/crypto/cast5-avx-x86_64.ko
  INSTALL arch/x86/crypto/cast6-avx-x86_64.ko
  INSTALL arch/x86/crypto/chacha-x86_64.ko
  INSTALL arch/x86/crypto/crc32-pclmul.ko
  INSTALL arch/x86/crypto/crct10dif-pclmul.ko
  INSTALL arch/x86/crypto/des3_ede-x86_64.ko
  INSTALL arch/x86/crypto/ghash-clmulni-intel.ko
  INSTALL arch/x86/crypto/nhpoly1305-avx2.ko
  INSTALL arch/x86/crypto/nhpoly1305-sse2.ko
  INSTALL arch/x86/crypto/poly1305-x86_64.ko
  INSTALL arch/x86/crypto/serpent-avx-x86_64.ko
  INSTALL arch/x86/crypto/serpent-avx2.ko
  INSTALL arch/x86/crypto/serpent-sse2-x86_64.ko
  INSTALL arch/x86/crypto/sha1-ssse3.ko
  INSTALL arch/x86/crypto/sha256-ssse3.ko
  INSTALL arch/x86/crypto/sha512-ssse3.ko
  INSTALL arch/x86/crypto/twofish-avx-x86_64.ko
  INSTALL arch/x86/crypto/twofish-x86_64-3way.ko
  INSTALL arch/x86/crypto/twofish-x86_64.ko
  INSTALL arch/x86/events/intel/intel-cstate.ko
  INSTALL arch/x86/events/rapl.ko
  INSTALL arch/x86/kernel/cpu/mce/mce-inject.ko
  INSTALL arch/x86/kernel/cpuid.ko
  INSTALL arch/x86/kernel/msr.ko
```

图 1.5　内核模块安装界面

（8）修改多重引导 grub 的配置文件，以使开机时可以选择内核：

- 使用命令 sudo vi /etc/default/grub 修改 grub 的开机引导文件。

- 使用命令 sudo update-grub 更新 grub 的启动菜单配置文件。

四、实验结果

（1）重启主机系统。

（2）验证内核编译结果：执行命令 uname –r 以查看当前内核的版本，如图 1.6 所示。

图 1.6　查看当前内核版本

由图 1.6 可以看出，内核版本号的最后 3 位已被成功更新为学号的后 3 位，即 023。这说明内核编译成功！

五、实验总结

（1）编译内核的时候出现了许多问题，比如许多包没有被安装。对于这类错误，可以通过阅读 Documentations 文件夹里面的 Changes 文档，把缺失的相应包安装好来解决。图 1.7 所示的错误是通过安装 flex 包加以解决的。

```
xyc@ubuntu:/usr/src/linux-5.12.8$ sudo make menuconfig
  UPD     scripts/kconfig/mconf-cfg
  HOSTCC  scripts/kconfig/mconf.o
  HOSTCC  scripts/kconfig/lxdialog/checklist.o
  HOSTCC  scripts/kconfig/lxdialog/inputbox.o
  HOSTCC  scripts/kconfig/lxdialog/menubox.o
  HOSTCC  scripts/kconfig/lxdialog/textbox.o
  HOSTCC  scripts/kconfig/lxdialog/util.o
  HOSTCC  scripts/kconfig/lxdialog/yesno.o
  HOSTCC  scripts/kconfig/confdata.o
  HOSTCC  scripts/kconfig/expr.o
  LEX     scripts/kconfig/lexer.lex.c
/bin/sh: 1: flex: not found
make[1]: *** [scripts/Makefile.host:9: scripts/kconfig/lexer.lex.c] 错误 127
make: *** [Makefile:602: menuconfig] 错误 2
xyc@ubuntu:/usr/src/linux-5.12.8$ sudo apt-get install flex
正在读取软件包列表... 完成
```

图 1.7　内核配置错误

（2）编译模块时出现了图 1.8 所示的错误。

```
xyc@ubuntu:/usr/src/linux-5.12.8$ make modules
  CALL    scripts/checksyscalls.sh
  CALL    scripts/atomic/check-atomics.sh
warning: Cannot use CONFIG_STACK_VALIDATION=y, please install libelf-dev, libelf-devel or elfutils-libelf-devel
  CHK     include/generated/compile.h
  CHK     kernel/kheaders_data.tar.xz
make[1]: *** 没有规则可制作目标"debian/canonical-certs.pem"，由"certs/x509_certificate_list" 需求。 停止。
make: *** [Makefile:1851: certs] 错误 2
```

图 1.8　模块编译错误

查阅资料后发现，解决方法就是修改.config 文档中的如下配置：

```
CONFIG_SYSTEM_TRUSTED_KEYS=""
```

（3）刚开始编译时采用了单核编译，结果仅执行 make 命令就花了三个多小时。后面重新采用了 8 核编译，命令执行所需的时间明显减少。

第 2 章
实验环境搭建与使用

在开展操作系统实验前，首先需要搭建实验环境。当然，学校实验室可以提供统一的实验环境，但由于种种限制（特别是安全方面的限制）学校的实验环境会有诸多不便，如硬件保护、系统自动恢复等，这可能不利于读者很好地进行系统层面的实验。因此在条件许可的情况下，读者有必要在个人计算机上安装 Linux 操作系统。

2.1 Linux 系统安装

2.1.1 选择合适的 Linux 版本

在安装 Linux 操作系统之前，首先要选择一个合适的 Linux 版本。与 Windows 操作系统不同，Linux 操作系统可以自由配置，进而形成了各种 Linux 发行版本。但各种不同的 Linux 发行版本使用的都是由 Linux 之父——林纳斯·托瓦兹（Linus Torvalds）推出和维护的 Linux 内核，它们按照目标用户群的需要集成了各具特色的功能软件包，但在结构上并非截然不同。目前，Linux 的发行版本大体分为两类：一类是商业公司维护的发行版本，以 Red Hat 为代表；另一类是社区组织维护的发行版本，以 Debian 为代表。除此之外，还有其他的 Linux 发行版本，如 Gentoo、FreeBSD 等，它们各具特色，在此不再详述，只介绍典型代表。

Red Hat 系列包括 RHEL（Red Hat Enterprise Linux，收费版本）、Fedora（免费版本）和 CentOS（RHEL 的社区版，免费版本）。Red Hat 系列的特点是用户数量多、资料多。RHEL 和 CentOS 稳定性好，适合服务器使用；Fedora 稳定性较差，适用于桌面应用。Red Hat 系列采用的是基于 RPM 包的 YUM 包管理方式。

Debian 系列包括 Debian 和 Ubuntu，它们是社区类 Linux 的典型代表，也是迄今为止最遵循 GNU 规范的 Linux 系统。Debian 的特色是 apt-get/dpkg 包管理方式，需要安装软件时，输入"apt-get install 软件名"命令后，系统就会开始为用户考虑如何获得所需要的依赖包，自动从网上把所有需要的软件下载下来并安装。Debian 的缺点是更新太慢，依赖包过于陈旧。Ubuntu 是在 Debian 的 unstable 版本的基础上发展起来的，特点是界面非常友好，容易上手，对硬件的支持非常全面，是最适合做桌面系统的 Linux 发行版本，且目前由商业机构维护，更新速度非常稳定。

对 Linux 初学者来说，如果只是需要一个桌面系统且无须定制任何东西，则建议选择 Ubuntu；如果需要实践系统管理方面的知识，则建议选择 CentOS，因为 CentOS 在安装完之后经过简单配置就能提供非常稳定的服务。

2.1.2　利用虚拟机安装 Linux

初学者要想放心大胆地进行各种 Linux 练习，而不必担心因操作不当导致宿主系统崩溃，有两条途径可以达成：一是在宿主计算机上安装虚拟机软件，并在上面安装 Linux 操作系统；二是安装双系统，如 Windows + Linux 操作系统。第一条途径显然更加方便。本小节将对其进行介绍。

目前运行在 Windows 平台上的常用虚拟机软件有 VMware Workstation、Virtual PC、VirtualBox 等，其中最流行的是 VMware Workstation。VMware Workstation 是一个可以运行在不同平台（如 Windows、Linux 等）上的应用程序，它允许同时创建和运行多个虚拟机实例，每个虚拟机实例可以运行自己的客户机操作系统，如 Linux、Windows、BSD 衍生版本等。

下面以 Windows 系统为例，说明利用 VMware Workstation 构建 Linux 操作系统的过程，包括创建虚拟机、安装 Linux 操作系统和安装 VMware Tools 三个阶段。

1．创建虚拟机

在 VMware Workstation 中构建虚拟机的步骤如下。

（1）运行 VMware Workstation（可能需要以管理员身份运行），单击"文件"菜单，选择"新建虚拟机"子菜单，进入新建虚拟机向导。

（2）在新建虚拟机向导中，选中"自定义（高级）"单选按钮，单击"下一步"按钮。

VMware Workstation
安装

（3）在"虚拟机硬件兼容性"界面中，选择虚拟机的硬件格式，通常选择高版本格式，如"Workstations 12.0"，因为高版本的虚拟机硬件格式支持更多的功能；选择后单击"下一步"按钮。

（4）在"安装客户机操作系统"界面中，选择"稍后安装操作系统"，否则会全自动安装操作系统并将其装成英文版；单击"下一步"按钮。

（5）在"选择客户机操作系统"界面中，选择"Linux"并从"版本"中选择"Ubuntu"，单击"下一步"按钮。

（6）在"命名虚拟机"界面中，在"虚拟机名称"中输入虚拟机的名称，如"Ubuntu 1"，然后设置安装路径，单击"下一步"按钮。

（7）在"处理器配置"界面中，设置处理器的数量，默认为 1 个处理器，也可根据情况设置多个处理器，单击"下一步"按钮。

（8）在"此虚拟机的内存"界面中，设置虚拟机使用的内存（如 1024 MB），单击"下一步"按钮。

（9）在"网络类型"界面中，选择虚拟机网卡的"联网类型"，可选择"使用网络地址转换（NAT）"模式，这样虚拟机将使用主机网络，单击"下一步"按钮。

（10）在"选择 I/O 控制器类型"界面中，设置 SCSI（small computer system interface，小型计算机系统接口）控制器类型，选择默认的"LSI Logic"，单击"下一步"按钮。

（11）在"选择磁盘类型"界面中，选择"SCSI"，单击"下一步"按钮。

（12）在"选择磁盘"界面中，选择"创建新虚拟磁盘"，单击"下一步"按钮。

（13）在"指定磁盘容量"界面中，设置"最大磁盘大小（GB）"为 20.0，其他选项使用默认设置，单击"下一步"按钮。需要说明的是，如果想要进行内核实验，建议将磁盘容量设为 40.0 GB 以上。

（14）在"指定磁盘文件"界面中，设置磁盘文件的存储位置，单击"下一步"按钮。

（15）在"已准备好创建虚拟机"界面中，查看将要创建的虚拟机的配置信息，确认无误后单击"完成"按钮即可完成虚拟机的创建。

2. 安装 Linux 操作系统

在虚拟机中安装操作系统与在真实计算机中安装操作系统并没有什么区别，但在虚拟机中安装操作系统时，可以直接使用保存在主机上的光盘镜像作为虚拟机的光驱。

在安装 Linux 操作系统前，首先需要下载想要安装的 Linux 版本的光盘镜像，文件名后缀为.iso。安装时，请在 VMware Workstation 中打开前面创建的虚拟机之前，查看左侧的"CD/DVD(SATA)"选项，若其值为"自动检测"，则需要设置操作系统镜像文件（否则无须设置）。为此，单击"CD/DVD(SATA)"，打开"虚拟机配置"对话框，单击"浏览"按钮，选择镜像文件后，单击"确定"按钮，最后单击"开启此虚拟机"，即可作为超级用户开始安装。

之后在虚拟机中安装 Linux 操作系统的过程与在主机中安装 Linux 操作系统的过程相同，根据 Linux 安装向导的提示进行安装即可，此处不再详述。

3. 安装 VMware Tools

在虚拟机中安装完操作系统之后，接下来需要安装 VMware Tools。VMware Tools 相当于 VMware 虚拟机的主板芯片组驱动、显卡驱动、鼠标驱动等。安装 VMware Tools，可以极大地提高虚拟机的性能，并且允许对虚拟机分辨率以任意大小进行设置，此外还允许使用鼠标直接从虚拟机窗口切换到主机中。

VMware Tools 的安装步骤如下。

（1）在 VMware Workstation 中打开安装好 Linux 操作系统的虚拟机。

（2）单击"虚拟机"菜单，选择"安装 VMware Tools"选项，打开 VMware Tools 窗口。

（3）VMware Tools 窗口的下面有操作提示，根据提示进行操作即可。

（4）将当前窗口中的 VMware Tools 压缩包（如 VMwareTools-10.0.1-3160059.tar.gz）

复制到桌面的文件夹中。

（5）打开终端，解压缩 VMware Tools 的压缩文件，比如在终端命令提示符下输入解压缩命令 "sudo tar –xvf VMwareTools-10.0.1-3160059.tar.gz"，并输入当前用户的密码进行解压缩。解压缩完成后，当前文件夹下将会生成一个文件夹 "vmware-tools-distrib"。

（6）进入 vmware-tools-distrib 文件夹。

（7）在终端窗口中执行命令 "./vmware-install.pl" 以进行安装。

（8）安装完 VMware Tools 后，重启虚拟机。

安装软件包需要比较高的用户权限。可以使用 sudo 命令让普通用户拥有超级用户的权限，也可以直接以超级用户 root 的身份进行软件包的安装。

2.2 Linux 系统的基本操作

Linux 操作系统与用户的常用接口分为图形界面和字符界面两种。图形界面的使用类似于 Windows 操作系统，即可以使用键盘和鼠标进行操作；而字符界面的功能十分强大，能够完成所有的任务。Linux 字符界面是通过 Shell 来实现相关功能的，Shell 既是用户和 Linux 内核之间的接口，也是命令语言、命令解释程序及程序设计语言的统称。Linux 中的 Shell 有多种类型，其中最常用的是 Bourne Shell（sh）、C Shell（csh）和 Korn Shell（ksh），这 3 种 Shell 各具特色。目前 Linux 默认的 Shell 是 Bourne Again Shell（bash），bash 是对 sh 的扩展。

本节只介绍 Linux 字符界面下常用命令的基本用法，详细用法（包括选项说明等）可参见相关帮助信息，此处不再详述。常用命令主要包括：Linux 操作系统的启动与退出命令、文件和目录的操作命令、文档备份和压缩命令、权限改变命令、与用户有关的命令、磁盘管理命令、帮助命令等。

2.2.1 Linux 系统的启动与退出命令

1. 启动 Linux

启动 Linux 只需要直接通电就可以了。系统启动完毕后，需要输入用户名和口令。当用户输入正确的用户名和口令后，计算机就能合法进入系统，屏幕上将显示输入提示符 "#" 或 "$"。

2. 关闭和重启系统

关闭系统的命令包括 shutdown、halt、init 0 等。

重启系统的命令包括 reboot、init 6、shutdown 等。

其中，shutdown 命令根据选项的不同，既可以实现关机，又可以重启系统，还可以发出警告信息。

命令格式：

```
shutdown ［选项］时间 ［警告信息］
```

举例：

shutdown –h now 　　立即关机。

shutdown –r 23:59 & 　　定时于 23:59 重启系统。

shutdown –k 3 Warning: System will shutdown! 　　发送信息，提示 3 分钟后系统进入维护模式（3 分钟后系统会自动取消关闭操作）。

2.2.2　文件和目录的操作命令

1．显示目录内容

命令格式：

```
ls [选项] [目录或文件]
```

说明：对于目录，列出其中的所有子目录与文件；对于文件，输出文件名及其要求的其他信息。

举例：

ls –la 　　以长格式显示当前目录中所有文件的详细信息。

ls –ld /usr 　　以长格式显示指定目录/usr 的信息。

ls –as –S 　　显示当前目录下所有子目录与文件以及它们所使用的空间。

2．文件或目录的复制

命令格式：

```
cp [选项] 源文件或目录　目标文件或目标目录
```

说明：把指定的源文件复制到目标文件或把多个源文件复制到目标目录下。

举例：

cp file1.txt file2.txt 　　将当前目录下的文件 file1.txt 复制成 file2.txt。

cp –i /usr/file3.txt /home/hlwang/file4.txt 　　将/usr 目录下的 file3.txt 复制到/home/hlwang 目录下，并取名为 file4.txt。若/home/hlwang 目录下已经存在 file4.txt 文件，则在覆盖该文件前询问用户。

3．文件或目录的更名与移动

命令格式：

```
mv [选项] 源文件或目录　目标文件或目标目录
```

说明：根据命令中第二个参数类型的不同（是目标文件还是目标目录），将文件更名或移至目标目录下。

举例：

mv file1 file2 　　将当前目录下的文件 file1 更名为 file2。

mv file .. 　　将当前目录下的文件 file 移至上一级目录下。

4．删除文件或目录

命令格式：

```
rm [选项] 文件名或目录名
```

说明：删除当前目录下的一个或多个文件，也可删除目录。

举例：

rm file1.txt　　　删除当前目录下的 file1.txt 文件。

rm –i *　　交互式删除当前目录下的所有非隐藏文件。

rm –rf dir1　　　强制删除当前目录下的 dir1 子目录。

5．创建目录

命令格式：

```
mkdir [选项] dir-name
```

说明：创建使用 dir-name 参数命名的目录。

举例：

mkdir dir1　　　在当前目录下创建默认权限且名为 dir1 的子目录。

mkdir –p newdir/subdir　　　在当前目录下建立嵌套目录 newdir/subdir。

mkdir –m744 dir　　　在当前目录下建立名为 dir 的子目录，并要求 dir 子目录的所有者拥有读、写和执行权限，而同组用户与其他用户只有读权限。

6．删除目录

命令格式：

```
rmdir [选项] dir-name
```

说明：删除一个或多个使用 dir-name 参数指定的目录。需要注意的是，目录在被删除之前必须是空的。

举例：

rmdir dir1　　　在当前目录下删除一个空的名为 dir1 的子目录。

7．改变工作目录

命令格式：

```
cd [路径]
```

说明：将当前目录改变为使用路径参数所指定的目录。

举例：

cd ..　　　返回上一级目录。

cd subdir　　　进入当前目录的 subdir 子目录。

8．显示当前工作目录

命令格式：

```
pwd
```

说明：显示当前工作目录的绝对路径。

9．显示文件内容

命令格式：

```
cat [选项] 文件列表
```

说明：显示文件列表中指定文件的内容，如果没有指定文件（或选项），就从标准输入中读取。

举例：

cat –b linuxbook.txt　　显示文本文件 linuxbook.txt 的内容，并在每行开头显示行号。

cat > testfile.txt　　新建文本文件 testfile.txt。

cat file1 file2 > file3　　将文件 file1 和 file2 的内容连接起来并存放在文件 file3 中。

10. 查找文件

命令格式：

```
find [选项] 目录列表
```

说明：搜索文件并执行指定的查找操作。

举例：

find /usr –user user1 –print　　在/usr 目录中查找所有属于用户 user1 的文件。

find . –name "*.txt" –print　　在当前目录及其子目录中查找所有以 ".txt" 为扩展名的文件，并打印文件名。

find –name "*.txt" –mtime +2 –mtime -7 –print　　在当前目录及其子目录中查找所有以 "*.txt" 为扩展名并在两天以前、七天以内被修改过的文件。

11. 按指定模式查找文件

命令格式：

```
grep [选项] 字符串 文件列表
```

说明：搜索文件中包含指定字符串的行并将其显示出来。

举例：

grep "test file" example.txt　　在当前目录下的 example.txt 文件中搜索与模式字符串 "test file" 相匹配的行。

grep data *　　搜索当前目录下所有文件中与模式字符串 data 相匹配的行。

12. 按页显示文件内容

命令格式：

```
more/less [选项] 文件名
```

说明：按指定方式在屏幕上显示文本文件的内容。

举例：

more linuxbook.txt　　按页显示文本文件 linuxbook.txt 的内容。

less linuxbook.txt　　与 more 命令类似，即按页显示文本文件 linuxbook.txt 的内容，但 less 命令具有更高级的功能——允许用户在文件中向前或向后导航。

2.2.3 文档备份和压缩命令

1. 为文件或目录创建档案文件

命令格式：

```
tar ［主选项+辅助选项］ 文件或目录
```

说明：为指定文件或目录创建档案文件（备份文件/打包文件）。

举例：

tar –cvf data.tar *　　将当前目录下的所有文件打包成 data.tar 文件。

tar –cvzf data.tar.gz*　　将当前目录下的所有文件打包并通过调用 gzip 命令压缩成 data.tar.gz 文件。

tar –xzvf data.tar.gz　　将打包后的压缩文件 data.tar.gz 解压缩。可以先调用 gzip 命令进行解压缩，之后再对打包文件进行解包。

2. 文件压缩命令

命令格式：

```
gzip/bzip2/compress/zip/xz ［选项］ 压缩/解压缩的文件名
```

说明：根据选项，对文件压缩或解压缩。需要说明的是，这些压缩命令的使用方法虽然类似，但并不完全相同，并且每个压缩命令所生成的压缩文件的后缀不同。

举例：

gzip –best data.txt　　以最高压缩比压缩文件 data.txt。

gzip –d data.txt.gz　　解压缩文件 data.txt.gz。

2.2.4　权限改变命令

1. 改变文件或目录的访问权限

命令格式：

```
chmod ［选项］ 文件名
```

说明：根据指定方式改变文件的属性。chmod 有两种使用方式：一种是文字设定法，包含字母和操作符表达式；另一种是数字设定法，包含数字。

举例：

chmod a+x test.sh　　为脚本文件 test.sh 的所有用户增加可执行属性。

chmod go – rwx test　　取消其他用户对目录 test 的读、写和执行权限。

chmod 0751 file1　　将文件 file1 设置为 rwxr-x--x 权限。

2. 改变文件或目录的属主和属组

命令格式：

```
chown ［选项］ 用户或组 文件名
```

说明：将指定文件的拥有者改为指定的用户或组。

举例：

chmod user1 file1　　将文件 file1 的属主改为 user1。

2.2.5 与用户有关的命令

1. 修改用户口令

命令格式：

```
passwd [用户名]
```

说明：修改用户口令。普通用户只能修改自己的口令，超级用户可以修改指定用户的口令。

举例：

passwd user1　　修改用户 user1 的口令。

2. 切换用户

命令格式：

```
su [用户名]
```

说明：切换成指定用户。普通用户在使用 su 命令时需要有超级用户或指定用户的口令。

举例：

su　　切换成超级用户 root。

2.2.6 磁盘管理命令

1. 检查文件系统的磁盘空间占用情况

命令格式：

```
df [选项]
```

说明：查看文件系统的磁盘空间占用情况，包括已占用空间、剩余空间等信息。

举例：

df -aT　　显示当前系统中所有文件系统的类型与磁盘空间的占用情况。

2. 显示目录或文件所占磁盘空间的大小

命令格式：

```
du [选项] 文件或目录
```

说明：统计文件或目录所占磁盘空间的大小。

举例：

du　　显示当前工作目录所占磁盘空间的大小。

du –a /　　显示系统中所有子目录所占磁盘空间的大小。

2.2.7 帮助命令

1. 普通格式的帮助命令

命令格式：

```
man [选项] 命令
```

说明：列出命令的详细使用说明，包括命令语法、各选项的意义及相关命令。

举例：

man cp 查看 cp 命令的使用说明。

man -k printf 以 printf 作为关键字查找对应的手册。

2. info 格式的帮助命令

命令格式：

```
info ［选项］命令
```

说明：以 info 格式列出命令的帮助文档。

举例：

info pwd 查看 pwd 命令的帮助文档。

2.3 在 Linux 下编写 C 程序

2.3.1 Linux 下 C 程序的编写与运行

C 语言是 Linux 操作系统下最常用的程序设计语言，也是操作系统层面编程最常用的程序设计语言。Linux 操作系统中的大多数应用都是用 C 语言编写的。本书实验中的编程部分都是使用 C 语言来实现的。

在 Linux 下，从编写到运行 C 程序一般分为以下几步。

1. 编写 C 程序

编写 C 程序时，可以使用 Linux 下的文本编辑工具编辑文档，并将其保存为 C 程序，文件名后缀为 ".c"（假设为 test.c）。Linux 下的文本编辑工具有很多，比如图形方式下的 emacs、gedit、kwrite 等，以及文本模式下的 vi、vim（vi 的增强版）和 nano 等。其中 vi/vim 是 UNIX/Linux 最基本的文本编辑器，几乎所有的 Linux 发行版本都提供这一编辑器，同时因不需要图形界面，它也是效率最高的文本编辑器。vi 的使用较复杂，读者可以通过阅读相关资料了解常见的 vi 用法。

2. 编译 C 程序

为了运行 C 程序，必须对其进行编译、链接，使之成为可执行文件（假设名为 test）。目前，Linux 下最常用的编译器是 gcc，它能将用户使用高级语言编写的源代码编译成可执行的二进制代码。关于 gcc 的使用，具体参见本书 2.3.2 小节。

3. 运行 C 程序

一旦把 C 程序成功编译为可执行文件，即可通过 Linux 下的 Shell 执行该程序，具体执行方式为：./可执行文件名（如./test）。

2.3.2 gcc 的使用

gcc（GNU compiler collection，GNU 编译器套件）是运行在 Linux 操作系统上的一个全功能的 ANSI C 兼容编译器。gcc 虽然没有集成的开发环境，但是堪称目前效率最高的 C/C++编译器。gcc 除支持 C 语言外，还支持多种其他语言，如 C++、Objectve-C 等。另外，gcc 可以通过不同的前端模块来支持各种语言，如 Java、Fortran、Pascal 等，并且可以将使用这些语言编写的源程序编译、链接成可执行文件。gcc 支持各种不同的目标体系结构，包括常见的 x86 系列、Arm、PowerPC 等，同时其还能运行在不同的操作系统上，如 Linux、Solaris、Windows 等。

在使用 gcc 编译程序时，编译过程被细分为 4 个阶段：预处理（pre-process）、编译（compiling）、汇编（assembling）和链接（linking）。预处理阶段主要是在库中寻找头文件，并将它们包含到待编译的文件中；编译阶段主要是检查源程序的语法；汇编阶段主要是将源程序翻译成机器语言；而链接阶段主要是将所有的程序链接成一个可执行程序。

程序员可以根据需要让 gcc 在编译的任何阶段结束，以便灵活地控制整个编译过程。编译过程中最常用的模式有编译模式和编译链接模式。一个源程序的源代码通常包含在多个源文件中，这就需要同时编译多个源文件，并将它们链接成一个可执行文件，这时就要采用编译链接模式。在生成可执行文件时，一个程序的源文件无论是一个还是多个，所有被编译和链接的源文件中都必须有且只有一个 main 函数，因为在 C 语言中 main 函数是程序的入口。但在把源文件编译成目标文件时，不需要进行链接，这时 main 函数不是必需的。

在 gcc 被调用时，gcc 会根据文件名后缀自动识别文件的类型，并调用相应的编译器。表 2.1 给出了 gcc 遵循的部分文件名后缀约定规则。

表 2.1 gcc 遵循的部分文件名后缀约定规则

文件名后缀	约定规则
.c	C 源代码文件
.a	由目标文件构成的归档文件
.cpp　.C　.cc　.cxx	C++源代码文件
.h	程序包含的头文件
.i	已经预处理过的 C 源代码文件
.ii	已经预处理过的 C++源代码文件
.m	Objective-C 源代码文件
.o	编译后的目标文件
.s	汇编语言源代码文件
.S	经过预编译的汇编语言源代码文件

大部分 Linux 都安装有 gcc，若未安装，则可以由用户自己安装。对于 RHEL 系列的 Linux，

用户可以采用 yum install gcc 命令安装 gcc；对于 Debian 系列的 Linux，用户可以采用 apt-get install gcc 命令安装 gcc。

gcc 安装后的目录结构如下。

- /usr/lib/gcc-lib/target/version：编译器所在目录。
- /usr/bin/gcc：二进制可执行文件 gcc 所在目录。
- /usr/target/(bin|lib|include)/：库和头文件所在目录。
- /lib、/usr/lib 和其他目录：系统库所在目录。

gcc 的命令格式：

```
gcc  [选项] 源文件 [目标文件]
```

其中的"选项"为编译器所需要的编译选项。gcc 编译器的选项大约有 100 多个，但大多数选项不会被用到，最基本、最常用的选项如下所示。

- -c：只编译，不链接成可执行文件。编译器只生成.o 后缀的目标文件，通常用于不包含主程序的子程序文件。
- -o file：确定输出文件的名称为 file，该名称不能和源文件同名。若没有该选项，默认将生成可执行文件 a.out。
- -Idirname：指定头文件的查找目录，将 dirname 指定的目录加入程序头文件目录列表中，在预编译过程中使用。
- -Ldirname：指定库文件的查找目录，将 dirname 对应的目录加入程序函数档案库文件的目录列表中，在链接过程中使用。
- -lname：在链接过程中，加载名为"libname.a"的函数库（位于系统预设的目录或由-L 选项确定的目录下）。
- -Wall：编译文件时发出所有警告信息。
- -w：编译文件时不发出任何警告信息。

和其他编译器一样，gcc 提供了灵活而强大的代码优化功能。利用它可以生成执行效率更高的代码。gcc 对标准 C 和 C++进行了大量的扩充，提高了程序的执行效率；此外还对代码进行了优化，减轻了编程工作量。常用的调试优化参数如下。

- -g：产生符号调试工具（如 GNU 的 gdb）必要的符号信息。可在对源代码进行调试时加入该选项。
- -O：在编译、链接过程中进行优化处理，从而提高可执行文件的执行效率，但编译、链接的速度相应要慢一些。
- -O2：能比-O 更好地对编译、链接过程进行优化。

gcc 还包含完整的出错检查和警告提示功能，以帮助程序员写出更加专业、优美的代码。此处不再详述，感兴趣的读者请参阅相关帮助文档。

2.3.3 Makefile 文件的编写

使用 C/C++语言编写的工程项目通常包含很多个源代码文件。它们均按不同类型、功能放在不同的目录下。Linux 下没有支持 C/C++语言的集成环境，当项目源代码文件较少的时候，可以直接使用 gcc 命令编译；但对于复杂工程项目，直接使用 gcc 命令编译就很困难。因此 Linux 提供了 make 工具来支持工程项目的编译任务。它是一个用来控制从程序的源文件中生成程序的可执行文件和其他非源文件（如汇编文件、目标文件等）的工具。

make 工具根据 Makefile 文件的内容来构建程序。Makefile 文件描述了每一个非源代码文件以及从其他文件构造这些文件的方法。make 命令在被执行时，会扫描当前目录下的 Makefile（或 makefile）文件，找到目标及其依赖关系。如果这些依赖自身也是目标，就继续为这些依赖扫描 Makefile 文件，并建立其依赖关系，然后编译它们。

Makefile 文件定义了一系列的规则来告诉 make 何时以及如何生成或更新目标文件，此外还告诉 make 执行何种命令来对可执行文件进行管理，如执行文件、清除目标文件等。其中规则的一般形式如下。

```
target: 依赖文件列表
<TAB>执行命令
…
```

target 是目标或规则的名称，通常是一个程序即将产生的文件的名称（例如可执行文件或目标文件的名称）。同时，target 也可以是一个即将执行的活动的名称，如 clean，其表示执行清除活动。

观察如下 Makefile 文件中的内容：

```
main: main.o hello1.o hello2.o
    gcc -o main main.o hello1.o hello2.o
main.o:main.c hello1.h hello2.h
    gcc -c main.c
hello1.o: hello1.c hello1.h
    gcc -c hello1.c
hello2.o: hello2.c hello2.h
    gcc -c hello2.c
clean:
    rm main hello1.o hello2.o main.o
```

Makefile 文件主要包括 5 个部分：显式规则、变量定义、隐式规则、指令及注释。

（1）显式规则：告诉 make 何时以及如何重新编译或更新一个或多个目标文件。例如：

```
hello1.o: hello1.c hello1.h
    gcc -c hello1.c
```

以上就是一条显式规则，它列出了目标所依赖的文件，并且给出了用于创建或更新目标的命令。

（2）变量定义：为一个变量指定一个字符串，在执行 make 命令时，该变量将被其所代表的字符串替换。

（3）隐式规则：指出何时以及如何根据名称重新编译或更新一类文件。隐式规则描述了目标如何依赖一个与目标名称相似的文件，并且给出了创建或更新目标的命令。

（4）指令：当使用 make 读取 Makefile 文件时，指令用来告诉 make 执行一些特殊活动，例如：

① 读取其他 Makefile 文件；

② 根据变量的值决定是忽略还是使用 Makefile 文件中的部分内容；

③ 定义多行变量。

（5）注释：Makefile 文件中的注释以"#"开头，表示该行将在执行时被忽略。

前文所述的 Makefile 文件可以根据变量定义、自动推导和隐式规则进行修改，例如改写成如下内容：

```
obj= main.o hello1.o hello2.o          #变量定义
main: $(obj)
    gcc -o main $(obj)
hello1.o: hello1.h                     #自动推导和隐式规则
hello2.o: hello2.h
clean:
    rm $(obj)
```

Makefile 文件的编写相对复杂，包括对规则编写、指令使用、函数调用等的详细说明等。读者可参阅具体的帮助文档加以了解。

2.4 实验 2.1：Linux 常用命令的使用

一、实验目的

了解 Linux 操作系统的 Shell 命令格式，熟练掌握常用命令和选项的功能。

Linux 常用命令的
使用

二、实验内容

练习常用的 Linux Shell 命令及命令选项，包括文件目录命令、备份压缩命令、重定向及管道命令等。要求熟练掌握下列命令的使用。

（1）改变及显示目录命令：cd、pwd、ls。

（2）文件及目录的创建、复制、删除和移动命令：touch、cp、mv、rm、mkdir、rmdir。

（3）显示文件内容命令：cat、more、less、head、tail。

（4）文件查找命令：find、whereis、grep。

（5）文件和目录权限改变命令：chmod。

（6）备份和压缩命令：tar、gzip、bzip2。

三、实验指导

具体开展实验时，将上述实验内容中的命令均练习一遍，并查看结果。为此，实验步骤可分为两大步：

（1）打开终端，在提示符下输入命令；

（2）执行每一条命令后，分析结果，修改选项后再次执行，查看并记录结果的变化。

上述命令的部分示例用法如表 2.2 所示。

表 2.2　Linux 常用命令用法示例

(1) cd /home cd .. pwd ls -la	(4) find /home/usr1 –name myfile whereis java locate　*file* grep smith phonebook
(2) touch file1 cp file1 /home/user/stu mv file2 /tmp rm –fr /tmp/* mkdir stu1 rmdir stu1	(5) chmod g+rw, o+r file1 chmod 764 file1
(3) cat file1 cat file1 > file2 more file2 less file1 head –n 4 /etc/passwd tail –n 4 file2	(6) tar –czvf usr.tar.gz /home/usr1/lib32 tar –xzvf usr.tar.gz

四、实验结果

本实验部分 Linux 常用命令的执行结果如图 2.1 所示。

```
[hlwang@localhost Desktop]$ pwd
/home/hlwang/Desktop
[hlwang@localhost Desktop]$ cd ..
[hlwang@localhost ~]$ pwd
/home/hlwang
[hlwang@localhost ~]$ whereis java
java: /usr/bin/java /etc/java /usr/lib/java /usr/lib64/java /usr/share/java
 /usr/share/man/man1/java.1.gz
[hlwang@localhost ~]$ mkdir stu1
[hlwang@localhost ~]$ cd stu1
[hlwang@localhost stu1]$ touch file1
[hlwang@localhost stu1]$ ls -la
total 8
drwxrwxr-x.  2 hlwang hlwang 4096 Sep 26 22:16 .
drwx------. 42 hlwang hlwang 4096 Sep 26 22:16 ..
-rw-rw-r--.  1 hlwang hlwang    0 Sep 26 22:16 file1
[hlwang@localhost stu1]$ cd ..
[hlwang@localhost ~]$ cp ./stu/file1 .
cp: cannot stat `./stu/file1': No such file or directory
[hlwang@localhost ~]$ cp ./stu1/file1 .
[hlwang@localhost ~]$ ls file1 -la
-rw-rw-r--. 1 hlwang hlwang 0 Sep 26 22:17 file1
[hlwang@localhost ~]$ 
```

图 2.1　部分 Linux 常用命令的执行结果

需要说明的是，由于本实验涉及多个 Linux 常用命令的使用，且由于每个系统所含内容不同，因此命令执行后在终端输出的内容也不同。在此，本书不再给出所有命令的执行结果，请读者自行对照命令的使用说明验证命令执行的正确性。

五、实验思考

（1）在 Linux 中，图形界面与终端控制台以及各终端控制台之间应如何切换？

（2）练习上面没有列出的其他 Linux 常用命令。

2.5 实验 2.2：Linux 下 C 程序的编写

一、实验目的

（1）掌握 Linux 下 C 程序的编写、编译与运行方法。

（2）掌握 gcc 编译器的编译过程，熟悉编译的各个阶段。

（3）熟悉 Makefile 文件的编写格式和 make 编译工具的使用方法。

二、实验内容

练习使用 gcc 编译器编译 C 程序并执行，编写 Makefile 文件，使用 make 工具编译程序并执行。具体要求如下。

（1）编写简单的 C 程序，功能为在屏幕上输出"Hello gcc!"。利用该程序练习使用 gcc 编译器的 E、S、c、o、g 选项，观察不同阶段所生成的文件，即*.c、*.i、*.s、*.o 文件和可执行文件。

（2）编写一个由头文件 greeting.h、自定义函数文件 greeting.c、主函数文件 myapp.c 构成的 C 程序，并根据这三个文件的依赖关系编写 Makefile 文件。程序如下：

```
/*------------------myapp.c----------------------*/
#include <stdio.h>
#include "greeting.h"
#define N 10
int main()
{
  char name[N];
  printf("your name, please: ");
  scanf("%s",name);
  greeting(name);
  exit(0);
}
/*------------------greeting.h--------------------*/
#ifndef _GREETING_H
#define _ GREETING_H
```

```
void greeting(char *name);
#endif
/*------------------greeting.c----------------------*/
#include <stdio.h>
#include "greeting.h"
void greeting(char *name)
{
    printf("Hello %s", name);
}
```

三、实验指导

对于实验内容（1），可将其分为三个步骤：①创建空文档，修改名称为 myhello.c，输入程序代码，保存并退出；②打开终端，用 gcc 命令对 myhello.c 程序进行分阶段编译；③利用 ls 命令查看编译过程中所产生的各个文件，即 myhello.i、myhello.s、myhello.o 文件和可执行文件（如 myhello.c）。

myhello.c 中的示例代码如下：

```
/*------------------myhello.c----------------------*/
#include <stdio.h>
int main()
{
    printf("Hello gcc!\n");
    exit(0);
}
```

对于实验内容（2），除了三个源代码文件之外，最重要的是 Makefile 文件的编写，示例如下：

```
myapp: greeting.o myapp.o
    gcc myapp.o greeting.o -o myapp
greeting.o: greeting.c greeting.h
    gcc -c greeting.c
myapp.o: myapp.c greeting.h
    gcc -c myapp.c
clean:
    rm -rf *.o
```

最后使用 make 工具编译程序，即在终端提示符的后面输入"make"，并按 Enter 键。

四、实验结果

实验内容（1）的结果可通过 ls 命令列出所生成的文件来查看。

实验内容（2）的实验结果如图 2.2 所示。

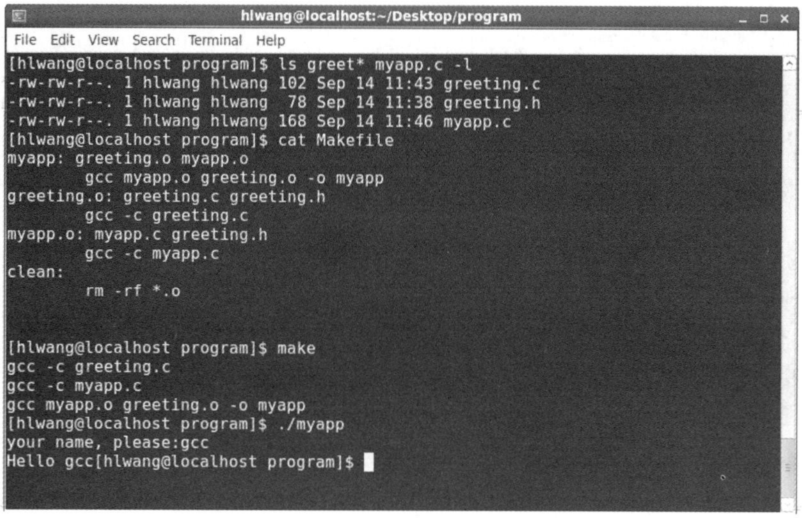

图 2.2　示例代码的执行结果

五、实验思考

（1）make 工具的编译原理是什么？

（2）如何直接使用 gcc 命令完成 myapp.c、greeting.h、greeting.c 三个文档的编译？

第 3 章
进程控制与进程调度

操作系统内核最重要的任务之一是进程管理，这是因为操作系统必须借助进程来管理计算机的软硬件资源、支持多任务开发等。因而，通过实验来理解和掌握操作系统的进程管理机制，是学习现代操作系统技术的关键。

3.1　Linux 进程介绍

3.1.1　进程的基本概念

Linux 是多用户、多任务的操作系统。在这样的环境中，各种计算机资源（如文件、内存、CPU（central processing unit，中央处理器）等）的分配和管理都是以进程为单位进行的。为了协调多个进程对共享资源的访问，操作系统要跟踪所有进程的活动，以及它们对系统资源的使用情况，从而实施对进程和资源的动态管理。

Linux 操作系统包括以下三种不同类型的进程，每种进程都有自身的特点和属性。

（1）交互进程：一种由 Shell 启动的进程。交互进程既可在前台运行，也可在后台运行。前者被称为前台进程，后者被称为后台进程。前台进程可与用户通过 Shell 进行交互。

（2）批处理进程：这种进程和终端没有联系，是系列进程，即多个进程按照指定的方式执行。

（3）守护进程（daemon）：运行在后台的一种特殊进程，在系统启动时启动，并在后台运行。守护进程本身不在屏幕上显示任何信息，但会在后台悄悄地为用户服务，例如各种运行的网络服务程序就属于守护进程。

在 Linux 操作系统中，进程的执行模式分为用户模式和内核模式。当进程运行在用户空间时属于用户模式。如果在用户程序运行过程中出现系统调用或者发生中断，就要运行系统程序（即核心程序），此时进程的运行模式将转换为内核模式。在内核模式下运行的进程可以执行特权指令，而且此时进程的运行不受用户的干预。

当用户登录 Linux 操作系统后，打开终端即会建立一个 Shell 进程，它可以接收用户的各种命令并创建子进程以执行用户命令。当用户命令执行结束后，返回当前的 Shell 进程，可接收用户新的命令。Shell 进程可以创建前台进程和后台进程，当输入命令时，若在命令的后面加上&符号，则该进程在后台运行，否则在前台运行。在后台运行时，用户可继续输入其他命令并执行；而在前台运行时，只有当该进程结束后，用户才能输入新的命令并执行。

3.1.2　描述进程的数据结构

在操作系统中，进程是指运行中的程序实体，此外还包括这个运行中的程序所占据的所有系统资源，如 CPU、设备、内存、网络资源等。在 Linux 中，可以使用 ps 命令得到当前系统中进程的列表。

为了便于管理，在 Linux 中，每个进程在被创建时都会被分配一个结构体 task_struct，即进程控制块（process control block，PCB）。这个结构体中包含了这个进程的所有资源（或者到这个进程其他资源的链接）。task_struct 相当于进程在内核中的描述。创建新进程时，Linux 将从系统内存中分配一个 task_struct 结构体。

task_struct 结构体虽然庞大而复杂，但可以把其中的信息归为以下几类。

（1）标识信息。系统通过进程标识号来唯一识别一个进程。另外，一个进程还有自己的用户标识号和组标识号，系统通过这两个标识号来判断进程对文件或设备的访问权。

（2）状态信息。一个 Linux 进程可以有运行、等待、停止、跟踪、僵死和死亡等多种状态。

- 运行（running）：进程处于运行状态（该进程是正在运行的进程）或者准备运行状态（在等待调度程序将 CPU 分配给它）。

- 等待（waiting）：进程在等待一个事件或资源。Linux 将等待进程又分为两类：可中断的与不可中断的。可中断的等待进程可被信号中断；不可中断的等待进程会由于硬件原因而等待，例如打开某个设备文件的进程，在得到设备的回应前会处于等待状态，该进程在任何情况下都不可中断。

- 停止（stopped）：进程处于停止状态。进程通常会由于接收到信号而停止，例如，进程在接收到调试信号时将处于停止状态。

- 跟踪（traced）：进程正在被跟踪，此时，进程会暂停下来，等待跟踪它的进程对它进程操作。该状态与停止状态类似。

- 僵死（zombie）：进程已终止，但仍在系统中保留了一些信息，如 PID、运行时间等，但其实际上已经死亡了。此时，进程在等待父进程调用 wait()函数。

- 死亡（dead）：该状态表示进程处于退出过程，即它所占有的资源（除了 task_struct 结构体以及其他少数资源外）都将被回收，同时，在任务列表中已看不到该进程。

（3）调度信息。调度程序所需要的信息，包括进程的类型（普通或实时）和优先级、计数器中记录的允许进程执行的时间片等。

（4）进程通信信息。根据 Linux 支持的进程通信机制，系统将利用信号、管道、命名管道以及 System V 中的 IPC（inter-process communication，进程间通信）机制等信息进行进程间通信，包括共享内存、信号量和消息队列等。

（5）进程链接信息。Linux 操作系统中的所有进程都是相互联系的。除了初始化进程之外，所有进程都有一个父进程。进程链则包含进程的父进程指针、与该进程具有相同父进程的兄弟进程指针以及该进程的子进程指针。系统中的所有进程都是用一个双向链表链接起来的，而它们的根是 init 进程。利用这个双向链表中的信息，内核可以很容易地找到某个进程。它为 ps 或 kill 命令提供了支持。

（6）时间和定时器信息。系统保存了进程的建立时间以及在其生命周期中所花费的 CPU 时间，这两个时间均以 jiffies 为单位。该时间由两部分组成，一部分是进程在用户模式下花费的时间，另一部分是进程在系统模式下花费的时间。Linux 支持与进程相关的定时器，进程可以通过系统调用来设定定时器；当定时器到期后，操作系统会向进程发送 sigalrm 信号。

（7）文件系统信息。该信息记录了进程所打开的文件描述符，此外还包括指向虚拟文件系统（virtual file system，VFS）两个索引节点的指针，它们分别指向进程的主目录和当前目录。

（8）虚拟内存信息。大多数进程都有一些虚拟内存，Linux 会通过相关信息来跟踪虚拟内存和物理内存的映射关系。

（9）进程上下文信息。进程上下文用来保存当前系统状态的信息。当调度程序将某个进程从运行状态切换到等待状态时，其就会在 task_struct 中保存当前的进程运行环境，包括 CPU 寄存器的值以及堆栈信息；当调度程序重新调度该进程运行时，其就会从进程上下文信息中恢复进程的运行环境。

（10）其他信息。Linux 支持 SMP（symmetrical multi-processing，对称多处理器）系统的多处理器结构，这在 task_struct 中已有相应的描述信息，此外还有资源使用情况、进程终止信号、描述可执行文件格式的信息等。

3.2 Linux 进程调度介绍

进程调度就是进程调度程序按照一定的策略，动态地把 CPU 分配给处于就绪队列中的某个进程，使之执行。进程调度的目的是使处理器资源得到最高效的利用。进程调度的策略不仅要考虑高效、公平、周转时间、吞吐量、响应时间等因素，而且要利用一定的调度时机，通过合适的调度算法来完成。

Linux 操作系统中存在两类进程，即普通进程和实时进程。任何实时进程的优先级都高于普通进程的优先级。普通进程使用 nice 值来表示优先级，nice 值的范围是[-20,19]，默认值为 0。越低的 nice 值，代表着越高的优先级；越高的 nice 值，代表着越低的优先级。越高优先级的普通进程有着越高的执行时间。对于实时进程，实时优先级是可配置的，默认范围是[0,99]。与 nice 值相反，越高的实时优先级数值代表着越高的优先级。

Linux 中有一个总的调度结构，被称为调度器类（scheduler class），它允许不同的可动态添加的调度算法并存，总调度器根据调度器类的优先顺序，依次挑选调度器类中的进程进行调度。确定调度器类后，再在总调度器内使用调度器类的调度算法（调度策略）进行内部调度。具体的 Linux 调度器类如图 3.1 所示。

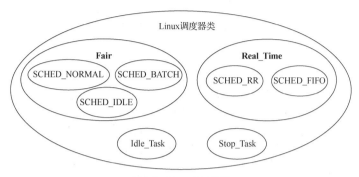

图 3.1　Linux 调度器类

调度器类的优先顺序为 Stop_Task > Real_Time > Fair > Idle_Task。开发者可以根据自己的设计需求把所属的任务配置到不同的调度器中。在这些调度器中，Fair 和 Real_Time 是最常用的，它们分别采用了 CFS 调度算法的默认调度器类和实时调度器类，具体的调度算法此处不再详述，具体介绍可参见主教材或其他相关资料。

3.3　进程控制函数介绍

在 Linux 操作系统中，fork()函数用来创建一个新的进程，exec 函数族用来启动另外的程序以取代当前运行的进程。

1. 创建进程

在 Linux 中，创建进程的常见方法是使用 fork()函数从已存在的进程（父进程）中创建一个新进程（子进程）。子进程是父进程的副本：子进程和父进程使用相同的代码段；子进程复制父进程的数据与堆栈空间，并继承父进程的用户代码、组代码、环境变量、已打开的文件代码、工作目录和资源限制等。由于子进程几乎完全复制了父进程，因此父子进程会运行同一个程序。fork()函数的调用格式为：

```
int fork();
```

返回值的意义如下。

● 正确返回：等于 0，表示当前进程是子进程，从子进程返回进程 ID 值。大于 0，表示当前进程是父进程，从父进程返回子进程的进程 ID 值。

● 错误返回：小于 0，表示进程创建失败。

子进程虽然继承了父进程的一切数据，但子进程一旦开始运行，就会和父进程分开。子进程拥有自己的进程 ID、资源以及计时器等，其与父进程之间不再共享任何数据。

2. 管理进程标识符

Linux 操作系统使用进程标识符来管理当前系统中的进程，进程的组标识符从父进程继承得到，用于区分进程是否同组。进程的标识符由系统分配，不能被修改；组标识符可以通过相关系统调用进行修改。

常用的进程标识符管理函数如下。

int getpid();　　取得当前进程的标识符（进程 ID）。

int getppid();　　取得当前进程的父进程 ID。

int getpgrp();　　取得当前进程的组标识符。

int getpgid(int pid);　　将当前进程的组标识符改为当前进程的 ID，使其成为进程组中的首进程，并返回这一新的组标识符。

3. 加载新的进程映像

对于创建的进程，往往希望它能执行新的程序。在 Linux 中，创建进程和加载新的进程映像是分开执行的。当创建一个进程后，通常会使用 exec 函数族将子进程替换成新的进程映像。

exec 函数族的作用是根据指定的文件名找到可执行文件，并用它取代调用进程的内容，即在调用进程内部执行一个可执行文件。这个可执行文件既可以是二进制文件，也可以是 Linux 下可执行的任何脚本文件。

Linux 中并不存在 exec() 函数，exec 函数族指的是一组函数，一共有 6 个，分别是：

```
#include <unistd.h>
int execl(const char *path, const char *arg, …);
int execlp(const char *file, const char *arg, …);
int execle(const char *path, const char *arg, …, char *const envp[]);
int execv(const char *path, char *const argv[]);
int execvp(const char *file, char *const argv[]);
int execve(const char *path, char *const argv[], char *const envp[]);
```

其中，只有 execve() 是真正意义上的系统调用函数，其他都是在此基础上经过包装的库函数，它们的区别仅在于执行时的参数不一样。

exec 函数族支持使用执行的程序替换调用它的程序，其经常和 fork() 函数搭配使用。例如，当一个进程希望执行另一个程序时，可以先利用 fork() 函数创建一个新进程，之后再调用任何一个 exec 函数来加载希望执行的程序。

4. wait()/waitpid() 函数

当子进程退出时，内核会向父进程发送 SIGCHLD 信号，同时将子进程设置为僵死状态，而只保留最少的一些内核数据结构，以便父进程查询子进程的状态。父进程查询子进程的状态可使用 wait()/waitpid() 函数：

```
#include <sys/types.h>
#include <sys/wait.h>
pid_t wait(int *status);
pid_t waitpid(pid_t pid, int *status, int options);
```

wait()函数会使父进程暂停执行,直到它的一个子进程结束为止,返回值为子进程的PID。waitpid()函数用来等待某个特定进程的结束。在一个子进程结束前,wait()可以使调用者阻塞,而 waitpid()可以通过选项使调用者不阻塞。实际上,wait()函数是 waitpid()函数的特例。

当子进程结束运行时,它与父进程之间的关联还会保持到父进程也正常结束,或保持到父进程调用wait()/waitpid()函数为止。这时子进程的状态为僵死,即子进程的数据项不会立刻释放,其虽然不再活跃,但相关信息仍会驻留在系统中,以备父进程在调用wait()/waitpid()函数时使用。

进程一旦调用了 wait()函数,就会立即阻塞自身,由 wait()自动分析当前进程的某个子进程是否已经退出。如果找到这样一个已经处于僵死状态的子进程,wait()就会收集这个子进程的信息,并在把它彻底销毁后返回;如果找不到这样一个子进程,wait()就会一直阻塞在这里,直到有这样的一个子进程出现为止。如果该进程没有子进程,则立即出错并返回。

5. 终止进程执行

终止进程执行的函数为 exit(),其语法格式为:

```
void exit(int status);
```

一个进程自我终止后,将释放所占资源并通知父进程可以删除它,此时它处于僵死状态。参数 status 是调用进程终止执行时传递给其父进程的值。若调用进程还有子进程,则应将其所有子进程的父进程改为 1 号进程。

3.4 实验 3.1:进程的创建

一、实验目的

(1)加深对进程概念的理解,进一步认识并发执行的实质。

(2)掌握 Linux 操作系统中进程的创建和终止操作。

(3)掌握在 Linux 操作系统中创建子进程并加载新映像的操作。

进程创建

二、实验内容

(1)编写一个 C 程序,并使用系统调用 fork()创建一个子进程。要求如下:①在子进程中分别输出当前进程为子进程的提示、当前进程的 PID 和父进程的 PID、根据用户输入确定当前进程的返回值、退出提示等信息。②在父进程中分别输出当前进程为父进程的提示、当前进程的 PID 和子进程的 PID、等待子进程退出后获得的返回值、退出提示等信息。

(2)编写另一个 C 程序,使用系统调用 fork()以创建一个子进程,并使用这个子进程调用 exec 函数族以执行系统命令 ls。

计算机操作系统实验指导（Linux 版）（附微课视频）

三、实验指导

本实验属于验证型实验，主要目的是验证 fork()的返回值。首先在主程序中通过 fork()创建子进程，并根据 fork()的返回值确定所处的进程是子进程还是父进程，然后分别在子进程和当前进程（父进程）中调用 getpid()、getppid()、wait()等函数以完成实验内容。

下面给出实验内容（1）的示例代码，其中涉及两个函数 sleep()和 WEXITSTATUS()。sleep()函数的作用是让进程挂起一段时间，以秒为单位。WEXITSTATUS()函数用来判断子进程是不是正常退出的：如果是，就返回一个非零值（取子进程传送给 exec 函数族的参数的低 8 位）；如果子进程不是正常退出的，则返回 0。

```c
#include <unistd.h>
#include <sys/types.h>
#include <errno.h>
#include <sys/wait.h>
#include <stdlib.h>
int main()
{
    pid_t childpid;         /*子进程的 PID*/
    int retval;             /*由用户提供的子进程返回值*/
    int status;             /*子进程向父进程提供的退出状态*/
    /*创建一个新进程*/
    childpid=fork();
    if(childpid>=0)         //创建成功
    {
        if (childpid==0)    //fork()的返回值为 0，这表示当前处在子进程中
        {
            printf("CHILD: I am the child process! \n");
            printf("CHILD: Here's my PID: % d\n", getpid());
                        //输出当前进程的 PID
            printf("CHILD: My parent's PID is: % d\n", getppid());
                        //输出当前进程的父进程的 PID
            printf("CHILD: The value of fork return is: % d\n", childpid);
                        //输出 fork()的返回值
            printf("CHILD: Sleep for 1 second...\n");
            sleep(1);       //让当前进程睡眠 1 秒
            printf("CHILD: Enter an exit value (0~255): ");
                        //输入子进程执行完毕后的返回值
            scanf(" %d",&retval);
            printf("CHILD: Goodbye! \n");
            exit(retval);   //子进程退出，退出值为用户给定的返回值
```

```
        }
        else  //fork()返回一个新的PID，这表示当前处在父进程中
        {
            printf("PARENT: I am the parent process! \n");
            printf("PARENT: Here's my PID: % d\n", getpid());
                            //输出当前进程的PID
            printf("PARENT: The value of my child's PID is: % d\n", childpid);
                            //输出当前进程的子进程的PID
            printf("PARENT: I will now wait for my child to exit.\n");
            wait(&status);        // 等待子进程运行结束，并保存其状态
            printf("PARENT: Child's exit code is: % d\n", WEXITSTATUS
(status));              //输出子进程的返回值
            printf("PARENT: Goodbye! \n");
            exit(0);              //父进程退出
        }
    }
    else                         //fork()返回-1，这表示进程创建失败
    {
        perror("fork error!");   //显示错误信息
        exit(0);
    }
}
```

实验内容（2）相对简单，此处不再提供示例代码。读者可以在实验内容（1）的基础上，在 fork() 调用之后于子进程中使用 exec 函数族执行命令 ls。具体请参考 exec 函数族的帮助页面。

四、实验结果

上述示例代码的实验结果如图 3.2 所示。

```
PARENT: I am the parent process!
PARENT: Here's my PID: 6024
PARENT: The value of my child's PID is: 6025
PARENT: I will now wait for my child to exit.
CHILD: I am the child process!
CHILD: Here's my PID: 6025
CHILD: My parent's PID is:  6024
CHILD: The value of fork return is:  0
CHILD: Sleep for 1 second...
CHILD: Enter an exit value (0~255): 100
CHILD: Goodbye!
PARENT: Child's exit code is: 100
PARENT: Goodbye!
```

图 3.2 进程创建示例代码的运行结果

计算机操作系统实验指导（Linux 版）（附微课视频）

五、实验思考

（1）总结调用 fork()函数后的三种返回情况。

（2）总结 fork()和 wait()配合使用的情况，并尝试在父进程中取消 wait()函数，观察进程的运行情况。

（3）验证、总结 exec 函数族的具体使用方法。

3.5　实验 3.2：进程调度算法的模拟

一、实验目的

（1）加深对进程概念的理解，明确进程和程序的区别。

（2）深入理解系统如何组织进程。

（3）理解常用进程调度算法的具体实现。

进程调度

二、实验内容

编写 C 程序，模拟实现单处理器系统中的进程调度算法，实现对多个进程的模拟调度，要求采用常见的进程调度算法（如先来先服务、时间片轮转和优先级等调度算法）进行模拟调度。

三、实验指导

本实验首先需要为每个进程设计一个进程控制块。进程控制块可以根据具体的调度算法来确定自身所须包含的信息，如进程名、优先数、到达时间、需要运行的时间、已用 CPU 时间、进程状态等。进程控制块用 C 语言中的结构体来表示。其次需要设计就绪队列，一般用链表表示，具体到 C 语言中则用指针来实现。然后需要实现具体的调度算法，这里涉及多种操作，如排序操作、链表操作等。最后需要设计程序的输出方式，在输出结果时，既可以输出调度进程的顺序以及每个进程的起始时间、终止时间等，又可以输出 CPU 每次调度的过程。

下面给出的示例采用的是基于动态优先数的进程调度算法，优先数大者优先，且优先数每运行一个 CPU 时间单位就降低一级（即将优先数减 1）。相比固定优先数调度算法，该算法稍显复杂，读者可以在此基础上进行修改以实现其他调度算法。

具体运行情况描述如下。

进程的优先数及需要的运行时间事先已人为指定。进程的运行时间以 1 个 CPU 时间单位为单位进行计算。每个进程可以处于 W（就绪）、R（运行）、F（完成）三种状态之一。

就绪进程在获得 CPU 后只能运行一个 CPU 时间单位。运行后，将进行控制块中已占用 CPU 时间加 1。如果运行一个 CPU 时间单位后，进程的已占用 CPU 时间达到了所需要的运行时间，则撤销该进程。如果运行一个 CPU 时间单位后，进程的已占用 CPU 时间尚未达到所需要的运行时间，即进程还需要继续运行，则此时将进程的优先数减 1（即降低一级），然后把它插入就绪队列并等待 CPU。

每进行一次调度，程序就输出一次运行进程和就绪队列中所有进程的信息，以便进行检查。重复以上过程，直到所有进程运行完毕为止。

示例调度程序的流程图如图 3.3 所示。

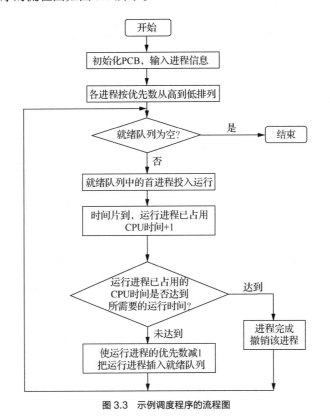

图 3.3　示例调度程序的流程图

示例代码如下：

```c
#include <stdio.h>
#include <stdlib.h>
#define getpch(type) (type*)malloc(sizeof(type))
struct pcb {          /*定义进程控制块*/
    char name[10];    //进程名
    char state;       //进程状态："W"表示就绪，"R"表示运行
    int nice;         //进程优先数
    int ntime;        //需要运行的时间
    int rtime;        //已经运行的时间
    struct pcb* link;
}*ready=NULL,*p;
```

```
typedef struct pcb PCB;
char sort() /*进程优先数排序函数，优先数大者优先，并生成就绪队列*/
{
   PCB *first, *second;
   int insert=0;
   if((ready==NULL)||((p->nice)>(ready->nice)))    /*优先数最大者插入队首*/
   {
      p->link=ready;
      ready=p;
   }
   else                                  /*对进程比较优先数，并调整它们的位置*/
   {
      first=ready;
      second=first->link;
      while(second!=NULL)
      {
        if((p->nice)>(second->nice))   /*若插入的进程比当前进程的优先数大*/
        {                              /*插到当前进程的前面*/
           p->link=second;
           first->link=p;
           second=NULL;
           insert=1;
        }
        else                          /*若插入的进程优先数最小，则插到队尾*/
        {
           first=first->link;
           second=second->link;
        }
      }
      if(insert==0) first->link=p;
   }
}
char input()  /*输入各个进程参数，建立进程控制块并排序生成就绪队列*/
{
   int i,num;
   printf("\n 请输入被调度的进程数目: ");
   scanf("%d",&num);
   for(i=0;i<num;i++)
   {
      printf("\n 进程号 No.%d:",i);
      p=getpch(PCB);
      printf("\n 输入进程名: ");
      scanf("%s",p->name);
      printf(" 输入进程优先数: ");
      scanf("%d",&p->nice);
```

```c
        printf(" 输入进程运行时间：");
        scanf("%d",&p->ntime);
        printf("\n");
        p->rtime=0;
        p->state='W';
        p->link=NULL;
        sort();                    /*调用 sort()函数*/
    }
}
int space()                    /*链表中节点个数的统计函数*/
{
    int l=0; PCB* pr=ready;
    while(pr!=NULL)
    {
        l++;
        pr=pr->link;
    }
    return(l);
}
char disp(PCB * pr)          /*进程显示函数，用于显示当前进程*/
{
    printf("\n qname \t state \t nice \tndtime\truntime \n");
    printf("%s\t",pr->name);
    printf("%c\t",pr->state);
    printf("%d\t",pr->nice);
    printf("%d\t",pr->ntime);
    printf("%d\t",pr->rtime);
    printf("\n");
}
char check()                                      /*进程查看函数*/
{
    PCB* pr;
    printf("\n **** 当前正在运行的进程是:%s",p->name); /*显示当前运行的进程*/
    disp(p);
    pr=ready;
    if (pr!=NULL)
        printf("\n ****当前就绪队列状态为：");          /*显示就绪队列的状态*/
    else
        printf("\n ****当前就绪队列状态为：空\n");       /*显示就绪队列的状态为空*/
    while(pr!=NULL)
    {
        disp(pr);
        pr=pr->link;
    }
}
```

```c
char destroy()          /*建立进程撤销函数（进程运行结束，撤销进程）*/
{
  printf(" 进程 [%s] 已完成.\n",p->name);
  free(p);
}
char running()          /*建立进程就绪函数（进程运行时间到，设置进程处于就绪状态）*/
{
  (p->rtime)++;
  if(p->rtime==p->ntime)
  destroy();            /*调用 destroy()函数*/
  else
  {
    (p->nice)--;
    p->state='W';
    sort();            /*调用 sort()函数*/
  }
}
int main()              /*主函数*/
{
  int len,h=0;
  char ch;
  input();
  len=space();
  while((len!=0)&&(ready!=NULL))
  {
    ch=getchar();
    h++;
    printf("\n The execute number:%d \n",h);
    p=ready;
    ready=p->link;
    p->link=NULL;
    p->state='R';
    check();
    running();
    printf("\n 按任意键继续......");
    ch=getchar();
  }
  printf("\n\n 所有进程已经运行完成! \n");
  ch=getchar();
  return 0;
}
```

四、实验结果

图 3.4 显示了程序调度两个进程的部分输出结果，其中优先数和运行时间可任意输入。由于篇幅受限，结果并未显示完全。按照这个例子中的输入，一共需要三轮调度才会结束。调度的轮数是由用户输入的进程个数和进程需要的运行时间决定的。

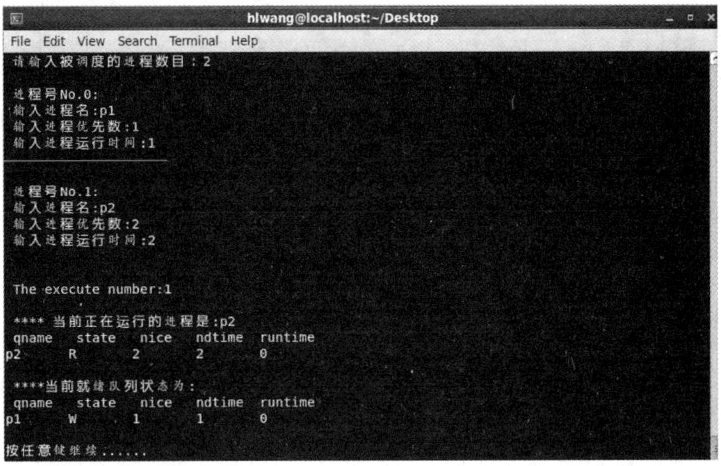

图 3.4　示例调度程序的运行结果

五、实验思考

（1）上述示例调度程序中的调度模式是抢占式还是非抢占式？

（2）若要将上述示例调度程序中的进程运行方式改为每运行一次就将优先数减 2，同时将运行时间加 1，其他条件不变，则该如何修改？

（3）如何将上述调度算法改为固定优先数调度算法？

（4）如何基于上述调度算法来实现先来先服务和时间片轮转调度算法？

第4章
进程通信与进程同步

进程间通信（inter-process communication，IPC）是指在不同进程之间传播或交换信息，它是进程管理的一个重要部分。本章在介绍 Linux 进程间通信的基础上，要求两个或多个用户态的进程能依靠系统提供的进程间通信机制，完成用户进程之间的通信。进程同步也是进程管理的一个重要部分，它能够协调合作进程顺利运行。

4.1 Linux 进程通信机制介绍

Linux 下的进程通信手段基本上是从 UNIX 平台上的进程通信手段演变而来的。AT&T 的贝尔实验室对 UNIX 早期的进程间通信手段进行了系统的改进和扩充，形成了"System V IPC"，但通信进程局限于单个计算机内部。加州大学伯克利分校的软件研发中心则形成了基于套接字（socket）的进程间通信机制。Linux 把两者都继承了下来，因此 Linux 下的进程通信手段主要包括管道通信、消息队列、共享内存、信号量和套接字等。

4.1.1 管道通信

管道通信是 Linux 操作系统中最古老的一种进程间通信方式，最适合在进程之间实现两个进程的交互。其中，向管道中发送信息的进程被称为写进程，而从管道中接收信息的进程则被称为读进程。这种通信方式的中间介质就是管道文件（一种特殊文件）。管道文件将读进程和写进程连接在一起，从而实现了两个进程之间的通信。

管道包括无名管道和有名管道两种，前者用于有亲缘关系的父子进程或兄弟进程间的通信，后者则克服了管道没有名称的限制，允许无亲缘关系的任意两个进程间进行通信。

有名管道也称 FIFO（first in first out，先进先出），它提供了一个路径名来与其关联，并以 FIFO 文件的形式存在于文件系统中。这样，进程即便与 FIFO 的创建进程不存在亲缘关系，但只要可以访问该路径，就能够彼此通过 FIFO 相互通信。值得注意的是，FIFO 严格遵循先进先出的原则，对管道的读总是从开始处返回数据，对它们的写则是把数据添加到管道的末尾。因此，它们不支持诸如 lseek() 等文件定位操作。有名管道可以长期存在于系统中，而且可以提供给任意关系的进程使用，但是使用不当容易引起错误，因此操作系统将有名管道的管理权交由系统加以控制。

4.1.2　消息队列

消息队列（message queue，也被称为报文队列）是一个由消息链接而成的链表，它是消息的链式队列，被保存在内核中，可通过消息队列的引用标识符来访问，用于运行在同一台机器上的进程间通信。在 Linux 中，消息被放置在一个预定义的消息结构中，进程生成的消息则指明了该消息的类型，可以把它放入一个由系统负责维护的消息队列中。访问消息队列的进程可以根据消息的类型，有选择地从消息队列中遵照 FIFO 原则添加或读取特定类型的消息。消息队列具有一定的先进先出特性，但它可以实现消息的随机查询，并且克服了管道只能承载无格式字节流及缓冲区大小受限等缺点。

消息队列一旦被创建，就可由多个进程共享。发送消息的进程可以在任意时刻发送任意数量的消息到指定的消息队列中，并检查是否有接收进程在等待它所发送的消息，若有则将其唤醒。接收消息的进程则可以在需要消息时从指定的消息队列中获取消息，如果消息还没有到来，则转入阻塞状态并等待。

目前，Linux 操作系统中有两种类型的消息队列：POSIX 消息队列和 System V 消息队列。其中，System V 消息队列已被大量使用。有关消息队列的操作通常有打开/创建消息队列、读写消息队列和获得/设置消息队列属性等。

4.1.3　共享内存

管道和消息队列的共同特点是通过内核来进行进程间通信。向管道、FIFO 和消息队列写入数据时，需要把数据从进程复制到内核；读出数据时又需要从内核复制数据到进程。也就是说，进程间的通信必须借助内核，通过多次数据拷贝才能实现。

共享内存是指将同一块内存区映射到共享它的不同进程的地址空间中，共享内存是在进程之间共享和传递数据的一种简单但非常有效的方式。进程间的通信只需要对共享的内存区域进行操作，数据不再需要通过内核就可以在不同的进程间复制。

共享内存也是最高效的一种进程间通信方式，因为进程可以直接读写内存，这避免了对数据的各种不必要的复制。另外，进程之间在使用共享内存时，数据将一直保存在共享内存中，直到解除映射、通信完毕才会写回文件，从而达到高效通信的目的。但主要问题在于，当两个或多个进程使用共享内存进行通信时，系统内核并未对共享内存的访问提供同步机制，这容易造成不同进程在同时读写同一共享内存时数据不一致问题，因此程序员需要依靠某种同步机制（如互斥锁、信号量等）来同步进程对共享内存的访问。

在 Linux 中，每个进程的虚拟内存被分为多个页面，并且每个进程都会维护一个从内存地址到虚拟页面的映射关系（即页表）。尽管每个进程都有自己的内存地址，但不同的地址可以同时将同一内存页面映射到自己的地址空间，从而达到共享内存的目的。

Linux 有两种共享内存机制——POSIX 共享内存和 System V 共享内存，它们都是通过 tmpfs（一种基于内存的文件系统，该文件系统的目录为/dev/shm）实现的。但 POSIX 共享内存是通过用户空间挂载的 tmpfs 文件系统实现的，而 System V 共享内存则是通过内核本身的 tmpfs 文件系统实现的。两者的区别在于：System V 共享内存是持久化的，只要机器不重启或不显式销毁，该共享内存就一直存在；而 POSIX 共享内存不是持久化的，如果进程被关闭，映射也将随之失效（事先映射到文件上的情况除外）。

需要注意的是，无论使用哪种共享内存机制，都必须注意数据存取的同步。通常，信号量被用于实现共享数据存取的同步，此外也可以通过 shmctl()函数（如 SHM_LOCK、SHM_UNLOCK 等）设置共享内存的某些标志位来实现共享数据存取的同步。

4.1.4　信号量

信号量又被称为信号灯，是用来解决进程间同步与互斥问题的一种进程间通信机制。程序对信号量的访问都是原子操作，且只允许对信号量进行 P 操作（wait 操作）和 V 操作（signal 操作）。信号量最主要的应用是实现共享内存方式的进程间通信。

与共享内存方式类似，Linux 信号量分为 POSIX 信号量和 System V 信号量。System V 信号量的使用相对复杂，而 POSIX 信号量的使用则相对简单。

POSIX 信号量分为有名信号量和无名信号量。无名信号量又被称为基于内存的信号量，常用于多线程间的同步，也可用于相关进程间的同步。无名信号量在用于进程间的同步时，需要放在进程间的共享内存区。有名信号量通过 IPC 名称进行进程间的同步，其特点是把信号量的值保存在文件中，这决定了它的用途十分广泛：既可以用于线程，也可以用于相关进程，甚至是不相关的进程。

System V 信号量是 System V 进程间通信的组成部分，不同于 POSIX 信号量，System V 信号量是在内核中进行维护的。

4.1.5　套接字

套接字（socket）也是一种进程间通信方式，但不同于前文介绍的几种进程间通信方式，套接字并不局限于同一台计算机中的进程，它也是 Linux 操作系统中主要的网络编程接口。套接字最初是在 BSD（Berkeley software distribution，伯克利软件套件）版本的 UNIX 中实现的，现在已被广泛认可，并逐渐成为事实上的工业标准。目前，几乎所有的操作系统都提供对套接字的支持。套接字通信采用客户端/服务器（C/S）模式，既可以在本地单机上运行，又可以在网络上运行。

Linux 支持多种套接字类型，主要包括以下 3 种。

（1）流式套接字（stream）：提供面向连接且可靠的全双工数据传输服务，可以保证数据传输的完整性、正确性和一致性。流式套接字通过传输控制协议实现。

（2）数据报式套接字（datagram）：提供无连接服务。数据报套接字可以像流式套接字一样提供双向数据传输，但不能保证传输的数据一定能到达目的节点；即使数据能够到达，也无法保证数据以正确的顺序到达，更无法保证数据的单一性和正确性。数据报式套接字通过用户数据包协议实现。

（3）原始套接字（raw）：原始套接字允许对较低层协议（如 IP、ICMP 等协议）进行直接访问。在某些应用中，使用原始套接字可以构建自定义头部信息的 IP 报文。创建原始套接字需要超级用户权限。

套接字编程涉及网络知识。关于如何利用套接字进行网络编程，请读者自行参阅相关资料加以学习。

4.2　Linux 进程通信相关函数介绍

4.2.1　管道操作函数

1. 创建无名管道

```
#include <unistd.h>
int pipe(int fd[2])
```

说明：fd[0]为读描述符，fd[1]为写描述符。

一个进程在由 pipe()函数创建管道后，一般可利用 fork()函数创建子进程，然后通过管道实现父子进程间的通信。一旦管道文件被建立，一般文件的 I/O 操作函数便可以用于管道，如 read()、write()、close()等。但由于管道文件是没有名称的特殊文件，因此无法使用open()函数。

2. 创建有名管道

在 Linux 中，有名管道可用两种方式创建：命令行方式（mknod 命令）或在程序中使用mknod()/mkfifo()函数的方式。

```
#include <sys/types.h>
# include <sys/stat.h>
int mkfifo(const char * pathname, mode_t mode)
```

有名管道一旦被创建，就可以使用普通的文件 I/O 函数（如 open()、read()、write()和close()等）进行访问。mkfifo()函数若成功，则返回 0，否则返回-1，错误原因保存在 errno 中。

4.2.2　消息队列操作函数

操作 System V 消息队列的 API（application programming interface，应用编程接口）函数共有 4 个，使用时需要包括下列头文件。

```
#include <sys/types.h>
```

```
# include <sys/ipc.h>
# include <sys/msg.h>
```

在使用消息队列操作函数时，需要使用消息缓冲区 msgbuf，这种特殊的数据结构可以被认为是消息数据的模板。在 sys/msg.h 中，msgbuf 的定义如下：

```
struct msgbuf {
        long mtype;                                 //消息类型，必须用正数表示
        char mtext[1];                              //消息数据
};
```

具体的 4 个消息队列操作函数如下：

```
int msgget(ket_t key, int msgflg);              //创建消息队列
int msgsnd(int msqid, struct msgbuf * msgp, size_t msgsz, int msgflg);
                                                //向消息队列发送消息
ssize_t msgrcv(int msqid, struct msgbuf * msgq, size_t msgsz, long msgtype,
int msgflg);                                    //从消息队列接收消息
int msgctl ( int msgqid, int cmd, struct msqid_ds *buf );
                                                //控制消息队列的行为
```

4.2.3　共享内存操作函数

1. POSIX 共享内存

POSIX 共享内存使用内存映射机制 mmap 来实现。mmap()系统调用使得进程之间通过映射同一个普通文件实现了内存共享。普通文件在被映射到进程地址空间后，进程就可以像访问普通内存一样对文件进行操作，而不必调用 read()、write()等函数。

具体使用时，除包括头文件 sys/mman.h 外，主要涉及两个步骤。

（1）创建一个新的共享内存区或打开一个已存在的共享内存区。

```
int shm_open(const char *name, int oflag, mode_t mode);
```

（2）把该共享内存区映射到调用进程的地址空间。

```
void *mmap(void *start, size_t length, int prot, int flags, int fd, off_t offset);
```

至此，就可以像操作普通内存一样操作共享内存了，可以使用 memcpy()、memset()等函数对共享内存进行操作。共享内存在被使用过程中，其大小可以通过调用 ftruncate()进行修改。

```
int ftruncate(int df, off_t length)
```

当打开一个已存在的共享内存区时，可以通过调用 stat()函数来获取有关对象的信息。

```
int stat(const char *path, struct stat *buf);
```

当需要结束对共享内存的使用时，可以执行以下步骤。

（1）解除当前进程对这块共享内存的映射。

```
int munmap(void *addr, size_t length);
```

（2）从内核中清除共享内存。

```
int shm_unlink(const char *name);
```

2. System V 共享内存

System V 共享内存通过系统调用 shmget() 来创建或打开一个 IPC 共享内存区，此外还将在特殊文件系统 shm 中创建或打开一个同名文件，新建的文件不属于任何进程，但任何进程都可以访问该共享内存区。一般情况下，特殊文件系统 shm 不能使用 read()、write() 函数进行访问，但可以直接采用访问内存的方式对其进行访问。

System V 共享内存主要涉及以下几个 API 函数，使用时须包含头文件 sys/ipc.h 和 sys/shm.h。

```
int shmget(key_t key, size_t size, int shmflg);  //创建共享内存
//把共享内存映射到当前进程的地址空间
void *shmat(int shm_id, const void *shm_addr, int shmflg);
int shmdt(const void *shmaddr);                  //从当前进程分离共享内存
int shmctl(int shm_id, int command, struct shmid_ds *buf); //控制共享内存
```

4.2.4 信号量操作函数

1. POSIX 信号量

POSIX 信号量有三种操作。

- 创建/销毁一个信号量。
- 等待一个信号量（wait，即 P 操作）。
- 挂起一个信号量（post，即 V 操作）。

POSIX 信号量分为有名信号量和无名信号量两种，它们会在使用过程中共享 sem_wait() 和 sem_post() 等函数，但因信号量存放位置不同，两者在信号量的创建和删除上有所不同。有名信号量使用 sem_open() 函数来创建，无名信号量则使用 sem_init() 函数来创建。另外在结束时，要像关闭文件一样关闭有名信号量。具体的操作函数如图 4.1 所示。

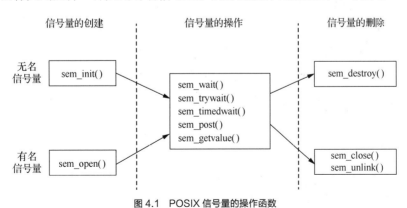

图 4.1　POSIX 信号量的操作函数

POSIX 信号量不管是有名还是无名，在使用时都需要包含头文件 semaphore.h。

无名信号量的创建和删除：

```
int sem_init(sem_t *sem, int pshared, unsigned int value);
int sem_destroy(sem_t *sem);
```

有名信号量的创建和删除：

```
sem_t sem_open(const char *name, int oflag);
sem_t sem_open(const char *name, int oflag, mode_t mode, unsigned int value);
int sem_close(sem_t *sem);
int sem_unlink(const char *name);
```

有名信号量和无名信号量能共享信号量的操作函数，包括信号量的 P 操作、V 操作等。

```
int sem_wait(sem_t *sem);                       //P 操作
int sem_timewait(sem_t *sem, const struct timespec *abs_timeout);
                                     //P 操作，若阻塞超时，则返回错误
int sem_trywait(sem_t *sem);                    //P 操作，返回错误但不阻塞进程
int sem_post(sem_t *sem);                       //V 操作
int sem_getvalue(sem_t *sem, int *sval);  //查询当前信号量的值
```

2. System V 信号量

System V 信号量是 System V 进程间通信的组成部分。不同于 POSIX 信号量，System V 信号量是在内核中进行维护的。

Linux 操作系统提供了一组 System V 信号量接口函数来对 System V 信号量进行操作，相关函数由 sys/ipc.h 文件引用，信号量的声明则定义在头文件 sys/sem.h 中。

System V 信号量的操作函数主要有 3 个，这 3 个函数的原型定义分别如下：

```
int semget(key_t key, int num_sems, int sem_flags);
int semctl(int sem_id, int sem_num, int cmd, union semun arg);
int semop(int sem_id, struct sembuf *sops, size_t nsops);
```

其中：semget()用于创建一个新的信号量或获取一个已有的信号量；semctl()用于删除/初始化信号量；semop()用于改变信号量的值，即使用/释放资源使用权。

在 Linux 中，使用 System V 信号量通常需要执行 4 个步骤。

（1）使用 semget()函数创建或获取信号量。不同进程可通过使用同一个信号量键值来获取同一个信号量。

（2）使用 semctl()函数的 SETVAL 操作初始化信号量。

（3）使用 semop()函数进行信号量的 PV 操作，这是实现进程同步或互斥的核心操作。

（4）如果不需要信号量，则请从系统中删除它，此时可以使用 shmctl()函数的 IPC_RMID 操作。

4.3 实验 4.1：两个进程相互通信

一、实验目的

（1）理解进程间通信的概念和方法。
（2）掌握常用的 Linux 进程间通信的方法。

进程通信

二、实验内容

（1）编写 C 程序，使用 Linux 中的 IPC 机制完成"石头、剪刀、布"游戏。

（2）修改上述 C 程序，使之能够在网络上运行。

三、实验指导

针对实验内容（1），可以创建三个进程，其中一个进程为裁判进程，另外两个进程为选手进程。可将"石头""剪刀""布"这三招定义为三个整型值，胜负关系为：石头>剪刀>布>石头。

选手进程按照某种策略（如随机产生）出招，然后交给裁判进程判断大小。裁判进程将对手的出招和胜负结果通知选手。比赛采取多轮（如 100 轮）定胜负机制，并由裁判宣布最后结果。每次出招由裁判限定时间，超时则判负。

每一轮的胜负结果可以存放在文件或其他数据结构中。比赛结束后，打印每一轮的胜负情况和总的结果。

具体的实验步骤如下。

（1）设计表示"石头""剪刀""布"的数据结构以及它们之间的大小规则。

（2）设计比赛结果的存放方式。

（3）选择 IPC 方法。

（4）根据所选择的 IPC 方法，创建对应的 IPC 资源。

（5）完成选手进程。

（6）完成裁判进程。

下面给出使用 System V 消息队列 IPC 完成的示例程序。该程序使用 fork() 函数创建了两个选手进程，当前进程为裁判进程。裁判进程创建了两个消息队列，且两个选手进程会发送出拳信息至不同的消息队列，最后由裁判进程从消息队列取得出拳信息并判断结果。

```
#include <time.h>
#include <sys/types.h>
#include <sys/wait.h>
#include <sys/ipc.h>
#include <sys/msg.h>
struct Game                    //游戏信息
{
    int Round;
    long Type;
};
void result_send(int num)     //发送出拳信息
{
    struct Game game;
    game.Type = 1;
```

计算机操作系统实验指导（Linux 版）（附微课视频）

```
        game.Round = rand() % 3;
        msgsnd(num, &game, sizeof(int), 0);
}
int result_announce(int a, int b)                //出拳结果的判断
{
    if ((a + 1 == b) || (a - 3 == b))
            return -1;    //a 胜 b
    else if (a == b)
            return 0;     //ab 平局
    else
            return 1;     //a 负 b
}
void writeFile(int *result_list, int len)        //将每盘的胜负结果存入文件
{
    int count_A = 0;
    int count_B = 0;
    int pingju=0;
    FILE *fin;
    if( (fin = fopen( "result.txt", "w" )) == NULL ) //保存结果的文件为 result.txt
            printf( "This file wasn't opened" );

    int i;
    for (i = 0; i < len ; i++)
    {
            switch(result_list[i])
            {
                case -1 :{
                    count_A++;
                    fprintf(fin, "NO.%d:A win\n", i + 1);
                    printf("NO.%d:A win\n", i + 1);
                    break;
                }
                case 0 : {
                    pingju++;
                    fprintf(fin, "NO.%d:end in a draw\n", i + 1);
                    printf("NO.%d:end in a draw\n", i + 1);
                    break;
                }
                case 1 : {
                    count_B++;
                    fprintf(fin, "NO.%d:B win\n", i + 1);
                    printf("NO.%d:B win\n", i + 1);
                    break;
                }
            }
    }
```

```c
        printf("\nThe final result is A win:%ds \nB win:%ds \nend in a draw
        %ds\n",count_A,count_B,pingju);
        fprintf(fin, "\nThe final result is A win:%ds \nB win:%ds \nend in a
        draw %ds\n",count_A,count_B,pingju);
        fclose(fin);
}
int main()
{
        int times;
        int key1 = 1234;
        int key2 = 5678;
        int *result_list;
        pid_t pid1, pid2;
        int msgid1,msgid2;
        msgid1 = msgget(key1, IPC_CREAT | 0666);        //创建消息队列1
        if(msgid1 == -1)                                //消息队列1创建失败
        {
                fprintf(stderr, "failed with error");
                exit(EXIT_FAILURE);
        }
        msgid2 = msgget(key2, IPC_CREAT | 0666);        //创建消息队列2
        if(msgid2 == -1)                                //消息队列2创建失败
        {
                fprintf(stderr, "failed with error");
                exit(EXIT_FAILURE);
        }
        printf("Game start,please input rounds:");  //输入比赛的轮数
        scanf("%d", &times);
        result_list=(int*)malloc(times*sizeof(int));
        int i;
        for (i = 0; i < times; i++)
        {
                pid1 = fork();                          //创建选手1的进程
                if (pid1 == 0)
                {
                        srand((unsigned)time(0) * 3000 )  //以时间为种子
                        result_send(msgid1);  //生成选手1的出拳信息并发送到消息队列
                        exit(-1);
                }
                pid2 = fork();                          //创建选手2的进程
                if (pid2 == 0)
                {
                        srand((unsigned)time(NULL)*i );  //以时间为种子
                        result_send(msgid2); //生成选手2的出拳信息并发送到消息队列
                        exit(-1);
```

```
        }
        if (pid1 < 0 || pid2 < 0)
        {
                fprintf(stderr, "Fork Failed");
                exit(-1);
        }
        else
        {
                wait(NULL);
                wait(NULL);
                struct Game game1;
                struct Game game2;
                //从消息队列 1 中取得选手 1 的出拳信息
                msgrcv(msgid1, &game1, sizeof(game1) - sizeof(long), 0, 0);
                //从消息队列 2 中取得选手 2 的出拳信息
                msgrcv(msgid2, &game2, sizeof(game2) - sizeof(long), 0, 0);
                //评判出拳结果
                int j = result_announce(game1.Round, game2.Round);
                //result_list[i] = result_announce(game1.Round, game2.Round);
                result_list[i] = j;
        }
    }
    //将比赛结果写入文件
    writeFile(result_list, times);
    //删除消息队列
    if (msgctl(msgid1, IPC_RMID, 0) == -1)
    {
        fprintf(stderr, "msgctl(IPC_RMID) failed\n");
    }
    if (msgctl(msgid2, IPC_RMID, 0) == -1)
    {
        fprintf(stderr, "msgctl(IPC_RMID) failed\n");
    }
    exit(EXIT_SUCCESS);
}
```

对于实验内容（2），可以在上述代码框架下，将进程通信机制改为套接字通信机制加以实现。读者可以自行编写代码完成实验内容（2），此处不再提供详细代码。

四、实验结果

上述代码在运行时，需要用户输入比赛的轮数，图 4.2 显示了 10 轮比赛的输出结果。另外，在调试程序时，可以通过 Linux 的 ipcs 命令来查看消息队列的信息。

```
[hlwang@localhost program]$ ./a.out
Game start,please input rounds:10
NO.1:end in a draw
NO.2:A win
NO.3:A win
NO.4:B win
NO.5:A win
NO.6:B win
NO.7:B win
NO.8:end in a draw
NO.9:end in a draw
NO.10:B win

The final result is A win:3s
B win:4s
end in a draw 3s
[hlwang@localhost program]$
```

图 4.2 进程通信示例代码的运行结果

五、实验思考

（1）示例代码中随机数的取值对于模拟"石头、剪刀、布"游戏很重要，如果取值不当，就可能出现大量平局的情况，故请思考 Linux 随机数的合理取值方法。

（2）比较 Linux 操作系统中的几种 IPC 机制，并说明它们各自适用于哪些场合。

4.4 实验 4.2：进程同步实验

进程同步

一、实验目的

（1）加强对进程同步和互斥的理解，学会使用信号量解决资源共享问题。

（2）熟悉 Linux 进程同步原语。

（3）掌握信号量 wait/signal 原语的使用方法，理解信号量的定义、赋初值及 wait/signal 操作。

二、实验内容

编写 C 程序，使用 Linux 操作系统中的信号量机制模拟解决经典的进程同步问题：生产者-消费者问题。假设有一个生产者和一个消费者，缓冲区可以存放产品，生产者不断生产产品并存入缓冲区，消费者不断从缓冲区中取出产品并消费。

三、实验指导

为了模拟解决生产者-消费者问题，需要创建两个进程，即生产者进程和消费者进程，并且要让这两个进程共享同一个缓冲区。生产者进程和消费者进程必须为并发执行的进程。由于生产者-消费者问题是经典的进程同步问题，因此对于如何设置信号量在此不再讨论，请读者参阅主教材中的相关内容加以学习。

下面给出的示例代码解决了一个非常简单的生产者-消费者问题。代码中使用两个线程来模拟生产者和消费者，并且使用了 pthread 库提供的线程操作，因此需要包含头文件 pthread.h。至于信号量机制，代码中使用了 POSIX 信号量机制，该机制通常用于线程同步，因此需要包含头文件 semaphore.h。

```c
#include <semaphore.h>
#include <stdio.h>
#include <stdlib.h>
#include <string.h>
#include <pthread.h>
#define MAX 256
char *buffer;
sem_t empty;                       //定义同步信号量 empty
sem_t full;                        //定义同步信号量 full
sem_t mutex;                       //定义互斥信号量 mutex
void * producer()                  //生产者
{
  sem_wait(&empty);                //empty 的 P 操作
  sem_wait(&mutex);                //mutex 的 P 操作
  printf("input something to buffer:");
  buffer=(char *)malloc(MAX);      //给缓冲区分配内存空间
  fgets(buffer,MAX,stdin);         //输入产品至缓冲区
  sem_post(&mutex);                //mutex 的 V 操作
  sem_post(&full);                 //full 的 V 操作
}
void * consumer()                  //消费者
{
  sem_wait(&full);                 //full 的 P 操作
  sem_wait(&mutex);                //mutex 的 P 操作
  printf("read product from buffer:%s",buffer);  //从缓冲区中取出产品
  memset(buffer,0,MAX);                          //清空缓冲区
  sem_post(&mutex);                //mutex 的 V 操作
  sem_post(&empty);                //empty 的 V 操作
}
int main()
{
  pthread_t id_producer;
  pthread_t id_consumer;
  int ret;
  sem_init(&empty,0,10);           //设置 empty 的初值为 10
  sem_init(&full,0,0);             //设置 full 的初值为 0
  sem_init(&mutex,0,1);            //设置 mutex 的初值为 1
```

```
    ret=pthread_create(&id_producer,NULL,producer,NULL);      //创建生产者进程
    ret=pthread_create(&id_consumer,NULL,consumer,NULL);      //创建消费者进程
    pthread_join(id_producer,NULL);      //等待生产者进程结束
    pthread_join(id_consumer,NULL);      //等待消费者进程结束
    sem_destroy(&empty);                 //删除信号量
    sem_destroy(&full);
    sem_destroy(&mutex);
    printf("The End...\n");
}
```

四、实验结果

由于上述示例代码中使用的 pthread 库并非 Linux 操作系统的默认库，因此在编译时需要加上-lpthread 选项以调用该链接库。可以使用下列命令编译程序：

```
gcc *.c -lpthread
```

其中的 "*.c" 为源程序的文件名。

运行结果如图 4.3 所示，请注意此例中的源文件名为 sync.c，编译完之后的可执行文件名为 sync。

图 4.3　进程同步示例代码的运行结果

五、实验思考

（1）本实验只模拟实现了一个产品的放入与取出，请修改代码，以模拟实现多个产品的放入与取出。

（2）多线程并发与多进程并发有何不同与相同之处？

（3）模拟实现读者-写者问题。

第 5 章
内存管理

内存管理是操作系统的重要功能之一，本章在简要介绍 Linux 内存管理和操作函数的基础上，通过实验模拟实现动态分区分配和页面置换算法，以帮助读者理解常用的内存管理方式。

5.1 Linux 内存管理简介

内存又被称为主存或物理内存，只有内存中的程序和数据才能被 CPU 执行和访问。由于内存容量有限，因此系统必须仔细管理好内存。利用请求调入和交换技术实现虚拟存储器，就能为用户提供存储容量比实际内存容量大得多的存储空间。虚拟内存系统中的所有地址都是虚拟地址而非物理地址，可通过系统提供的地址映射机构来实现虚拟地址到物理地址的转换。

内存管理是操作系统重要的组成部分，主要任务包括对内存资源进行分配与回收、提高内存利用率、减少浪费等。内存管理也是一项十分复杂的工作，因此 Linux 将内存管理的工作划分开来，实现了 5 个不同的内存管理器。这些内存管理器各司其职，相互配合，共同完成了对内存的管理工作。

（1）物理内存管理器。它负责物理内存的分配与回收，以页为单位实施管理，目的是提高性能、减少碎片。

（2）虚拟内存管理器。它在物理内存管理器的基础上，通过页目录、页表和交换机制，为系统中的每个进程模拟了大小为 4 GB 的虚拟地址空间。

（3）内核内存管理器。它负责内核中小内存的分配和回收。这是因为内核经常需要小内存用于建立各种管理结构，而物理内存管理器过于粗放，因此 Linux 引入了内核内存管理器。

（4）内核虚拟内存管理器。如果内核需要较大的内存，那么物理内存管理器和内核内存管理器便都不能很好地工作，原因是它们只能分配有限大小的、物理上连续的内存。为了满足内核对大内存的需求，Linux 利用虚拟内存管理的思想，在内核虚拟地址空间实现了内核虚拟内存管理。

（5）用户空间内存管理器。它负责进程用户态虚拟内存的动态分配和回收。由它管理的内存都处于进程的堆中。

毫无疑问，在这些内存管理器中，物理内存管理器是基础，虚拟内存管理器是核心，而各个内存管理器又都离不开内核内存管理器的支持。

5.2 内存操作函数介绍

Linux 系统中的内存操作函数分为内核态下的和用户态下的两种。本节将简要介绍用户态下的内存操作函数，具体用法请参见 Linux 帮助文档。

1. 内存分配函数：malloc()、calloc()、alloca()和 realloc()

（1）malloc()

malloc()函数的实质体现在它会将可用内存块连接为一个列表的空闲链表。调用malloc()函数时，它会沿这个链表寻址，找一个大到足以满足用户请求所需的内存块。然后将该内存块一分为二，其中一块的大小与用户请求 size 相符，malloc()函数会将其分配给用户；剩下的另一块则继续放到链表中。

（2）calloc()

calloc()函数用来配置指定个数的相邻内存单元（每个内存单元的大小都是指定的），并返回指向第一个元素的指针。虽然与使用 malloc()函数的效果相同，但在利用 calloc()配置内存时，会将内存中的内容初始化为 0。

（3）alloca()

alloca()函数用来配置指定字节数的内存空间。与 malloc()/calloc()不同的是，alloca()从堆栈空间（stack）配置内存，因此函数返回时会自动释放该空间。

（4）realloc()

realloc()用于更改原内存块的大小到指定字节。若更改的容量值比原来的内存空间小，内存内容将保持不变，且返回原来内存空间的起始地址；若更改的容量值大于原来的内存空间，且原有内存还有足够的剩余空间，则使用realloc()更改后的内存等于原来的内存加上剩余内存，但仍返回原来内存空间的起始地址；否则，realloc()将申请新的内存，把原来的内存数据复制到新内存中，并释放原来的内存，返回新内存的地址。若没有指定原内存块的大小（即参数为 NULL），则 realloc()的作用相当于 malloc()；若更改的大小为 0，则作用相当于 free(ptr)。

2. 内存映射函数与取消映射函数

（1）mmap()

mmap()用来将某个文件的内容映射到内存中，对相应内存区域的存取即直接对该文件内容的读写。

（2）munmap()

munmap()用来取消参数所指的映射内存的起始地址。当进程结束或利用 exec 函数族执行其他程序时，映射内存将自动解除，但关闭对应的文件描述符时不会解除映射。

3. free()

free()用于释放指针指向的内存空间，该指针必须是前面 malloc() /calloc() /realloc()调用的返回值。若所指的内存空间已被收回或指针指向未知的内存地址，则可能发生无法预知的情况。若指针为空，则不执行任何操作。

4. getpagesize()

getpagesize()用于取得内存分页大小，单位为字节（Byte）。内存分页大小作为系统的分页大小，不一定和硬件分页大小相同。

5.3 实验 5.1：动态分区分配方式的模拟

一、实验目的

（1）掌握动态分区分配方式使用的数据结构和分配算法（首次/最佳/最坏适应算法）。

（2）进一步加深对动态分区分配管理方式及其实现过程的理解。

内存管理

二、实验内容

编写 C 程序，模拟实现首次/最佳/最坏适应算法的内存块分配与回收，要求每次分配与回收后显示出空闲分区和已分配分区的情况。假设在初始状态下，可用的内存空间为640 KB。

三、实验指导

本实验的主要目的是模拟实现动态分区分配方式下内存的分配与回收，而设计的分配与回收算法涉及首次适应算法、最佳适应算法和最坏适应算法。根据动态分区分配的原理，主要需要建立两个数据结构——空闲分区表和已分配分区表，它们都需要包含分区的起始地址、长度等信息。当有新作业请求装入主存时，须查找空闲分区表，从中找出一个合适的空闲分区并将其分配给作业。然后按照作业需要的内存大小将其装入主存，剩下的部分仍为空闲分区，将其登记到空闲分区表中，作业占用的分区则登记到已分配分区表中。作业执行完毕后，应回收作业占用的分区，具体操作为：删除已分配分区表中的相关项，然后修改空闲分区表，并根据情况增加或合并空闲分区。

下面给出的示例代码实现了基于首次适应算法的内存分配与回收。需要注意的是，分配存储区时是从高地址开始的。输入"a"表示分配操作，分配时需要输入作业请求的内存大小；输入"r"表示回收操作，回收时需要输入回收分区的起始地址和大小。

```c
#include<stdio.h>
#include<stdlib.h>
#include<string.h>
#define MAX 640
struct node   //定义分区
{
   int address, size;
   struct node *next;
};
typedef struct node RECT;
/*-----函数定义-------*/
RECT *assignment(RECT *head,int application);  //分配分区
//针对首次适应算法回收分区
void firstfit(RECT *head,RECT *heada,RECT *back1);
void bestfit(RECT *head,RECT *back1);        //针对最佳适应算法回收分区，待扩充
int backcheck(RECT *head,RECT *back1);       //合法性检查
void print(RECT *head);                      //输出已分配分区表或空闲分区
/*-----变量定义-------*/
RECT *head,*heada,*back,*assign1,*p;
int application1,maxblocknum;
char way;   //用于定义分配方式：首次适应、最佳适应、最坏适应。目前未使用
int main()
{
   char choose;
   int check;
   RECT *allocated;
   head=malloc(sizeof(RECT));               //建立空闲分区表的初始状态
   p=malloc(sizeof(RECT));
   head->size=MAX;
   head->address=0;
   head->next=p;
   maxblocknum=1;
   p->size=MAX;
   p->address=0;
   p->next=NULL;
   print(head);                             //输出空闲分区表的初始状态
   //printf("Enter the allocation way (best or first (b/f))\n");
   //scanf("%c",&way);
   way='f';
   heada=malloc(sizeof(RECT));              //建立已分配分区表的初始状态
   heada->size=0;
   heada->address=0;
   heada->next=NULL;
   //print(heada);                          //输出空闲分区表的初始状态
```

计算机操作系统实验指导（Linux 版）（附微课视频）

```
    do
    {
        printf("Enter the allocate or reclaim (a/r),or press other key to
        exit.\n");
        scanf(" %c",&choose);                      //选择分配或回收
        if(tolower(choose)=='a')                   //a 为分配
        {
            printf("Input application:\n");
            scanf("%d",&application1);             //输入申请的空间大小
            assign1=assignment(head,application1);   //调用分配函数以分配内存
            if (assign1->address==-1)              //分配不成功
                printf("Too large application! Allocation fails! \n\n");
            else                                   //分配成功
                printf("Allocation Success! ADDRESS=%5d\n",assign1->address);
            printf("\n*********Unallocated Table************\n");
            print(head);                           //输出
            printf("\n*********Allocated Table***  **********\n");
            print(heada);
        }
        else if (tolower(choose)=='r')             //回收内存
        {
            back=malloc(sizeof(RECT));
            printf("Input address and Size:\n");
            scanf("%d%d",&back->address,&back->size);//输入回收地址和大小
            check=backcheck(head,back);
            if (check==1)
            {
                if(tolower(way)=='f')
                    firstfit(head,heada,back);      //首次适应算法回收
                printf("\n*********Unallocated Table************\n");
                print(head);                       //输出
                printf("\n*********Allocated Table***  **********\n");
                print(heada);
            }
        }
    }while(tolower(choose)=='a'||tolower(choose)=='r');
    exit(0);
} //main() end.
/*-------内存分配函数-------*/
RECT *assignment(RECT *head,int application)
{
    RECT *after,*before,*assign;
    assign=malloc(sizeof(RECT));                   //申请分配空间
    assign->size=application;
    assign->next=NULL;
    if(application>head->size || application<0)
```

```
      assign->address=-1;                       //申请无效
    else
    {
      before=head;
      after=head->next;
      while(after->size < application)      //遍历链表，查找合适的节点
      {
          before=before->next;
          after=after->next;
      }
      if(after->size==application)              //若节点大小等于申请大小，则完全分配
      {
          if(after->size==head->size) maxblocknum--;
          before->next=after->next;
          assign->address=after->address;
          free(after);
      }
      else
      {
          if(after->size==head->size) maxblocknum--;
          after->size=after->size-application;  //大于申请空间时，截取相应大小并分配
          assign->address=after->address+after->size;
      }
      if (maxblocknum==0)                              //修改最大数和头节点
      {
          before=head;
          head->size=0;
          maxblocknum=1;
          while(before!=NULL)
          {
              if(before->size > head->size)
              {
                 head->size=before->size;
                 maxblocknum=1;
              }
              else if(before->size==head->size)
                  maxblocknum++;
              before=before->next;
          }
      }
    }
assign1=assign;
//修改已分配分区表，添加节点
after=heada;
while(after->next!=NULL)
    after=after->next;
after->next=assign;
heada->size++;
```

```
    return assign1;                    //返回分配给用户的地址
}
/*------------------首次适应算法------------*/
void firstfit(RECT *head,RECT *heada,RECT *back1)
{
  RECT *before,*after,*back2;
  int insert,del;
  back2=malloc(sizeof(RECT));
  back2->address=back1->address;
  back2->size=back1->size;
  back2->next=back1->next;
  before=head;
  after=head->next;
  insert=0;
  while(!insert)                       //将回收区插入空闲分区表
  {

    if((after==NULL)||((back1->address<=after->address)&&(back1->
address>=before->address)))
    {
        before->next=back1;
        back1->next=after;
        insert=1;
    }
    else
    {
        before=before->next;
        after=after->next;
    }
  }
  if(back1->address==before->address+before->size)  //与上一内存块合并
  {
    before->size=before->size+back1->size;
    before->next=back1->next;
    free(back1);
    back1=before;
  }
  if((after!=NULL) &&(after->address==back1->address+back1->size))
                              //与下一内存块合并
  {
    back1->size=back1->size+after->size;
    back1->next=after->next;
    free(after);
  }
  if(head->size<back1->size)          //修改最大块值和最大块个数
  {
    head->size=back1->size;
    maxblocknum=1;
```

```
    }
    else
        if(head->size==back1->size) maxblocknum++;
    //修改已分配分区表，删除相应节点
    before=heada;
    after=heada->next;
    del=0;
    while(!del||after!=NULL)   //将回收区从已分配分区表中删除
    {
        if((after->address==back2->address)&&(after->size==back2->size))
        {
            before->next=after->next;
            free(after);
            del=1;
        }
        else
        {
            before=before->next;
            after=after->next;
        }
    }
    heada->size--;
}
/*--------------打印输出链表--------------*/
void print(RECT *output)
{
    RECT *before;
    int index;
    before=output->next;
    index=0;
    if(output->next==NULL)
        printf("NO part for print!\n");
    else
    {
        printf("index****address****end*****size**** \n");
        while(before!=NULL)
        {
            printf("----------------------------------\n");
            printf("%-9d%- 9d%- 9d%- 9d\n", index, before->address, before->
                    address+ before->size-1,before->size);
            printf("----------------------------------\n");
            index++;
            before=before->next;
        }
    }
}
/*检查回收块的合法性，back1 为要回收节点的地址*/
int backcheck(RECT *head,RECT *back1)
```

```
{
    RECT *before;
    int check=1;
    if(back1->address<0 || back1->size<0) check=0;   //地址和大小不能为负数
    before=head->next;
    while((before!=NULL)&&check)      //地址不能和空闲分区表中的节点重叠
    if(((back1->address<before->address)&&(back1->address+back1->size>before
    ->address))||((back1->address>=before->address)&&(back1->address<before
    ->address+before->size)))
        check=0;
    else
        before=before->next;
    if(check==0) printf("Error input!\n");
    return check;
}
```

四、实验结果

上述示例代码的运行基本可以模拟动态分区分配方式，读者可以根据需要交替执行分配与回收操作。本节后面的截图是根据如下作业请求序列运行上述示例代码的结果，供读者参考。

（1）作业 1 申请 130 KB。

（2）作业 2 申请 60 KB。

（3）作业 3 申请 100 KB。

（4）作业 2 释放 60 KB。

（5）作业 3 释放 100 KB。

（6）作业 1 释放 130 KB。

具体的操作与运行结果如下。

（1）输入 a，接着输入 130，运行结果如图 5.1 所示。

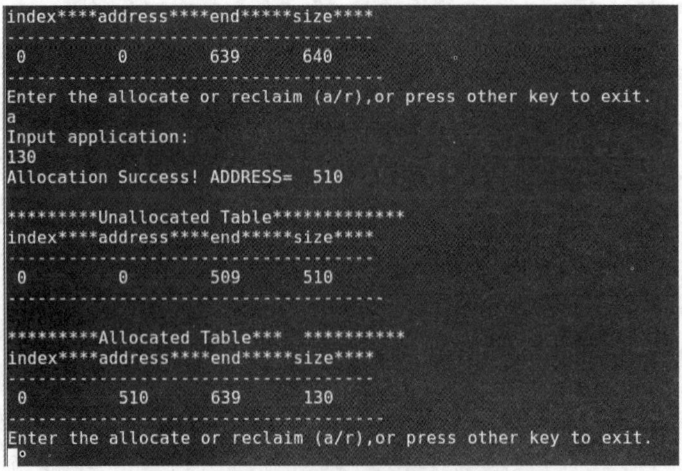

图 5.1　动态分区分配示例代码的运行结果 1

（2）输入 a，接着输入 60，运行结果如图 5.2 所示。

图 5.2　动态分区分配示例代码的运行结果 2

（3）输入 a，接着输入 100，运行结果如图 5.3 所示。

图 5.3　动态分区分配示例代码的运行结果 3

（4）输入 r，接着输入 450 60，运行结果如图 5.4 所示。

图 5.4　动态分区分配示例代码的运行结果 4

（5）输入 r，接着输入 350 100，运行结果如图 5.5 所示。

```
Enter the allocate or reclaim (a/r),or press other key to exit.
r
Input address and Size:
350 100

*********Unallocated Table************
index****address****end*****size****
--------------------------------------
 0        0       509       510
--------------------------------------

*********Allocated Table***  **********
index****address****end*****size****
--------------------------------------
 0       510       639       130
--------------------------------------
Enter the allocate or reclaim (a/r),or press other key to exit.
```

图 5.5　动态分区分配示例代码的运行结果 5

（6）输入 r，接着输入 510 130，运行结果如图 5.6 所示。

```
Enter the allocate or reclaim (a/r),or press other key to exit.
r
Input address and Size:
510 130

*********Unallocated Table************
index****address****end*****size****
--------------------------------------
 0        0       639       640
--------------------------------------

*********Allocated Table***  **********
NO part for print!
Enter the allocate or reclaim (a/r),or press other key to exit.
```

图 5.6　动态分区分配示例代码的运行结果 6

（7）按下除"a"和"r"键外的其他键，退出程序。

五、实验思考

（1）修改上述程序，使分配内存时从低地址开始。

（2）完善上述程序，以实现基于最佳适应算法和最坏适应算法的内存分配与回收。

5.4　实验 5.2：页面置换算法的模拟

一、实验目的

（1）理解虚拟内存管理的原理和技术。

（2）掌握请求分页存储管理的常用理论——页面置换算法。

（3）理解请求分页中的按需调页机制。

页面置换算法的
模拟

二、实验内容

设计一个虚拟存储区和一个内存工作区，并使用下述常用页面置换算法计算访问命中率。

（1）先进先出（first in first out，FIFO）算法。

（2）最近最久未使用（least recently used，LRU）算法。

（3）最优（optimal，OPT）算法。

要求如下。

（1）通过随机数产生一个指令序列，里面共 320 条指令。

（2）将指令序列转换成页面序列。假设：①页面大小为 1 KB；②用户内存容量为 4～32 页；③用户虚存容量为 32 KB。在用户虚存中，按每页存放 10 条指令排列虚存地址，因此 320 条指令将存放在 32 个页面中。

（3）计算并输出不同页面置换算法在不同内存容量下的访问命中率。访问命中率的计算公式为：

$$访问命中率=1-（页面失效次数/页面总数）$$

三、实验指导

针对实验内容，需要注意以下几点。

（1）首先使用随机函数srand()和rand()随机产生指令序列，然后将指令序列转换成相应的页面序列。

（2）设计页面类型、页面控制结构等数据结构。

（3）计算使用指定页面置换算法时的访问命中率。

下面给出的示例代码实现了计算使用 FIFO 算法时的访问命中率，但对于 LRU 和 OPT 算法未实现。在以下示例代码中，随机数的取值比较复杂，指令地址是按如下原则产生的：①50%的指令是顺序执行的；②25%的指令均匀地分布在前地址部分；③25%的指令均匀地分布在后地址部分。

```
#include<stdio.h>
#include<stdlib.h>
#include<string.h>
#define TRUE 1
#define FALSE 0
#define INVALID -1
#define total_instruction 320        //模拟的指令数
#define total_vp 32                  //模拟的虚拟页面数
typedef struct                       //页面结构
{
    int pn;                          //页号
    int pfn;                         //内存块号
```

```c
    int counter;                    //一个周期内访问页面的次数
    int time;  //访问时间
}p1_type;
p1_type p1[total_vp];
typedef struct pfc_struct           //页面控制结构
{
    int pn;                         //页号
    int pfn;                        //内存块号
    struct pfc_struct *next;
}pfc_type;
pfc_type pfc[total_vp];             //用户进程虚页控制结构
pfc_type *freepf_head;              //空内存页头指针
pfc_type *busypf_head;              //忙内存页头指针
pfc_type *busypf_tail;              //忙内存页尾指针
int disaffect;                      //页面失效次数
int a[total_instruction];           //指令流数据组
int page[total_instruction];        //每条指令所属页号
int offset[total_instruction];      //每页装入 10 条指令后取得的页号偏移值
void initialize();                  //初始化数据
void FIFO();                        //计算使用 FIFO 算法时的访问命中率
void LRU();                         //计算使用 LRU 算法时的访问命中率，未实现
void OPT();                         //计算使用 OPT 算法时的访问命中率，未实现
int main()
{
    int s,i,j;
    srand (10*getpid());
    s=(float)319*rand()/32767/32767/2+1;
    for(i=0;i<total_instruction;i+=4)  //通过随机函数随机生成 320 条指令
    {
        if(s<0||s>319)
        {
            printf("When i==%d, Error, s==%d\n",i,s);
            exit(0);
        }
        a[i]=s;
        a[i+1]=a[i]+1;
        a[i+2]=(float)a[i]*rand()/32767/32767/2;
        a[i+3]=a[i+2]+1;
        s=(float)(318-a[i+2])*rand()/32767/32767/2+a[i+2]+2;
        if((a[i+2]>318)||(s>319))
            printf("a[%d+2],a number which is: %d and s==%d\n",i,a[i+2],s);
    }
    //将指令序列转换为页面地址流
```

```
    for(i=0;i<total_instruction;i++)
    {
        page[i]=a[i]/10;
        offset[i]=a[i]%10;
    }
    //用户工作区从 4 个页面变换到 32 个页面
    for(i=4;i<=32;i++)
    {
        printf("%2d page frames",i);
        FIFO(i);
        printf("\n");
    }
}
void initialize(int total_pf)
{
    int i;
    diseffect=0;
    for(i=0;i<total_vp;i++)
    {
        p1[i].pn=i;
        p1[i].pfn=INVALID;
        p1[i].counter=0;
        p1[i].time=-1;
    }
    for(i=0;i<total_pf-1;i++)
    {
        pfc[i].next=&pfc[i+1];
        pfc[i].pfn=i;
    }
    pfc[total_pf-1].next=NULL;
    pfc[total_pf-1].pfn=total_pf-1;
    freepf_head=&pfc[0];
}
void FIFO(int total_pf)
{
    int i,j;
    pfc_type *p;
    initialize(total_pf);
    busypf_head=busypf_tail=NULL;
    for(i=0;i<total_instruction;i++)
    {
        if(p1[page[i]].pfn==INVALID)      //页面失效
        {
            diseffect+=1;                 //页面失效次数
            if(freepf_head==NULL)         //无空闲页面
            {
                p=busypf_head->next;
```

```
            p1[busypf_head->pn].pfn=INVALID;
            freepf_head=busypf_head;          //释放忙页面的第一个页面
            freepf_head->next=NULL;
            busypf_head=p;
        }
        p=freepf_head->next;                  //按 FIFO 方式将新页面调入内存页面
        freepf_head->next=NULL;
        freepf_head->pn=page[i];
        p1[page[i]].pfn=freepf_head->pfn;
        if(busypf_tail==NULL)
            busypf_head=busypf_tail=freepf_head;
        else
        {
            busypf_tail->next=freepf_head;   //减少一个空闲页面
            busypf_tail=freepf_head;
        }
        freepf_head=p;
    }
}
printf(" FIFO:%6.4f",1-(float)diseffect/320);
}
```

四、实验结果

页面置换示例代码的运行结果如图 5.7 所示。可以看出，当内存页面比较少的时候，访问命中率不高，但随着内存页面的增多，访问命中率开始提高。

```
 4 page frames FIFO:0.5281
 5 page frames FIFO:0.5469
 6 page frames FIFO:0.5688
 7 page frames FIFO:0.5875
 8 page frames FIFO:0.6031
 9 page frames FIFO:0.6156
10 page frames FIFO:0.6438
11 page frames FIFO:0.6719
12 page frames FIFO:0.6812
13 page frames FIFO:0.7094
14 page frames FIFO:0.7188
15 page frames FIFO:0.7406
16 page frames FIFO:0.7500
17 page frames FIFO:0.7500
18 page frames FIFO:0.7563
19 page frames FIFO:0.7688
20 page frames FIFO:0.7781
21 page frames FIFO:0.8000
22 page frames FIFO:0.8188
23 page frames FIFO:0.8188
24 page frames FIFO:0.8188
25 page frames FIFO:0.8375
26 page frames FIFO:0.8469
27 page frames FIFO:0.8656
28 page frames FIFO:0.8781
29 page frames FIFO:0.8781
30 page frames FIFO:0.9000
31 page frames FIFO:0.9000
32 page frames FIFO:0.9000
```

图 5.7 页面置换示例代码的运行结果

五、实验思考

（1）实现计算使用 LRU 和 OPT 算法时的访问命中率。

（2）修改指令序列的产生方法（如简单生成 320 条指令，指令地址无具体要求），并与以上示例代码的结果进行比较，说明随机指令序列的产生对程序运行结果有何影响。

（3）分析比较各种页面置换算法之间的差异。

第 6 章
简单文件系统设计

文件系统是操作系统中负责管理和存储文件信息的部分，也是用户最常用的功能模块之一。本章在简要介绍 Linux 文件目录和常用文件操作函数的基础上，通过文件备份实验帮助读者熟悉文件的常用操作，此外还模拟实现了一个简单文件系统，从而加深读者对文件系统内部功能和实现过程的理解。

6.1 Linux 文件目录简介

Linux 将整个文件系统看作一棵树，树根即根文件系统，各个分区均为这棵树的分支，以文件夹的形式进行访问。Linux 的目录结构设置合理、层次分明，遵循文件系统层次结构标准（filesystem hierarchy standard，FHS）。FHS 是由非营利性组织 Linux 基金会维护的一个标准，其定义了 Linux 操作系统中的主要目录及内容，从而使开发者和用户可以方便、快速地找到所需文件。

在 Linux 中，无论 Linux 操作系统管理几个磁盘分区，目录树只有一个，最顶层是根目录，即 "/"，其他分区则作为根目录的子目录存在，而且各个磁盘分区上的树状目录不一定并列。

在 Linux 目录树结构中，根目录下常用的几个主要目录及其主要用途说明如下。

/bin：系统所需的基本命令（如 ls、cp、mkdir 等）所在的文件目录，通常为二进制可执行文件，普通用户都可以使用。

/boot：Linux 内核及系统引导程序（如 vmlinuz、引导程序 GRUB 等）所需文件所在的目录，通常作为一个单独的分区存在。

/dev：设备文件存储目录，从该目录可以访问各种系统设备，如磁盘、内存、打印机等。

/etc：系统和应用软件配置文件的存储目录，一些服务器的配置文件也存放在该目录下，如用户账号及密码配置文件等。

/home：普通用户个人文件的默认存放目录。每个用户的主目录均在该目录下，且以用户自己的名称命名（/home/username 方式）。每个用户只能访问自己的目录（管理员除外）。

/lib：用于存放系统程序所需的所有共享链接库文件，64 位操作系统下还有一个/lib64 目录。

/lost+found：存放丢失文件的地方。系统意外崩溃、关机或磁盘错误均会导致文件丢失，此时产生的文件碎片就存放在这里。正常情况下，引导进程会利用 fsck 工具检查并发现这些文件，然后利用它们修复已经损坏的文件系统。除根分区外，其他的分区上都有一个这样的目录。

/media：即插即用型存储设备的挂载点在该目录下会自动创建。例如，当 USB 设备插入 USB 接口时，系统会自动加载 USB 设备并在该目录下产生子目录（如/media/usb）。

/mnt：存放临时挂载文件系统的目录。在没有设备被挂载时，该目录为空。在需要挂载分区时，首先要在该目录下建立子目录，然后将待访问的设备挂载到该子目录下，比如将 Windows 分区挂载到子目录 win 下。

/opt：可选择的第三方软件（如 Oracle 等）的安装位置。

/proc：位于内存中的虚拟文件系统。操作系统在运行时，会将进程及内核信息（如 CPU、硬盘分区、内存等信息）归档为文本文件，存放在该目录下。

/root：Linux 超级管理员 root 的主目录。

/sbin：用于存放涉及系统管理的二进制可执行文件，如 fsck、reboot、ifconfig 等。普通用户没有权限执行该目录下的命令。

/tmp：临时文件目录，所有用户都可以在该目录下创建、编辑文件，但只有文件拥有者才能删除文件。为了加快临时文件的访问速度，一般将该目录存放在内存中（系统重启时文件不会被保留）。

/usr：该目录包含所有的命令、程序库、头文件和其他文件，如帮助文档等。这些文件在被使用时通常不会发生改变。

/var：存放系统运行时内容不断变化的文件，如日志、脱机文件和临时电子邮件文件等。

6.2　文件操作函数介绍

本节介绍 Linux 提供的一些最常用的文件操作函数，但它们不适用于设备驱动、目录读写、网络连接等特殊情况。需要注意的是，这些函数不是 C 语言函数库中提供的文件操作函数。C 语言函数库中提供的函数有 fopen()、fclose()、fread()、fwrite()等，相关内容请读者参见 C 语言中有关文件操作的帮助文档。

1．open()函数
功能描述：打开或创建文件。在打开或创建文件时可指定文件的属性及用户权限等。

所需头文件：

```
#include <sys/types.h>
#include <sys/stat.h>,
#include <fcntl.h>
```

函数原型：

```
int open(const char *pathname,int flags,int perms)
```

返回值：成功时，返回文件描述符；失败时，返回-1。

2．close()函数

功能描述：关闭一个被打开的文件。

所需头文件：

```
#include <unistd.h>
```

函数原型：

```
int close(int fd)
```

返回值：0 表示成功；-1 表示失败。

3．read()函数

功能描述：从文件中读取数据。

所需头文件：

```
#include <unistd.h>
```

函数原型：

```
ssize_t read(int fd, void *buf, size_t count);
```

返回值：读取的字节数；0 表示读到 EOF；-1 表示读取出错。

4．write()函数

功能描述：向文件中写入数据。

所需头文件：

```
#include <unistd.h>
```

函数原型：

```
ssize_t write(int fd, void *buf, size_t count);
```

返回值：写入文件的字节数（成功时）；-1（出错时）。

5．lseek()函数

功能描述：设置文件指针，即指定文件偏移量的位置，从而实现随机存取。

所需头文件：

```
#include <unistd.h>
```

函数原型：

```
off_t lseek(int fd, off_t offset, int whence);
```

返回值：从文件开头计算出来的文件偏移量（成功时）；-1（出错时）。

6. fcntl()函数

功能描述：根据文件描述符来改变文件的特性。

所需头文件：

```
#include <unistd.h>
#include <fcntl.h>
```

函数原型：

```
int fcntl(int fd, int cmd);
int fcntl(int fd, int cmd, long arg);
```

返回值：成功时，返回值根据命令码而定；失败时，返回-1。

7. readv()

功能描述：从多个缓冲区中读取数据。

所需头文件：

```
#include <sys/uio.h>
```

函数原型：

```
ssize_t readv(int fd, const struct iovec *iov,int count);
```

返回值：读取的字节数（成功时）；-1（出错时）。

8. writev()

功能描述：向多个缓冲区中写入数据。

所需头文件：

```
#include <sys/uio.h>
```

函数原型：

```
ssize_t writev(int fd, const struct iovec *iov,int count);
```

返回值：写入文件的字节数（成功时）；-1（出错时）。

6.3　实验 6.1：文件备份实验

一、实验目的

（1）熟悉 Linux 文件系统的文件和目录结构。

（2）掌握文件系统的基本特征。

（3）掌握常用的文件操作函数。

Linux 文件系统

二、实验内容

编写 C 程序，模拟实现 Linux 文件系统的简单 I/O 流操作：备份文件，将源文件 source.dat 备份为 target.dat 文件。实验要求如下：

（1）使用 C 语言库函数实现文件备份。

（2）使用系统调用函数实现文件备份。

三、实验指导

对于实验要求（1），涉及的 C 语言库函数有 fopen()、fclose()、fread()和 fwrite()，需要执行的操作步骤如下。

（1）使用 fopen()函数以只读方式打开想要备份的源文件 source，并以只写方式打开想要写入内容的目标文件 target。

（2）使用 fread()函数循环读取源文件中一个缓冲区大小的内容，然后使用 fwrite()函数将读取的内容写入目标文件。

（3）读取与写入完毕后，使用 fclose()函数关闭读写文件流。

示例代码如下：

```
#include<sys/types.h>
#include<stdio.h>
#include<stdlib.h>
int main()
{
    char buf;
    FILE *source,*backup;
    printf("This program  backup file based on C Library.\n");
    source=fopen("./source.dat","r");    //打开源文件
    backup=fopen("./target.dat","w");    //打开目标文件
    if(source==NULL)
    {
        printf("Error in opening file.\n");
        exit(1);
    }
    if(backup==NULL)
    {
        printf("Error in creating backup file.\n");
        exit(1);
    }
    while(fread(&buf,sizeof(buf),1,source)==1)
    {
        if(!fwrite(&buf,sizeof(buf),1,backup))
        {
            printf("Error in writing file.\n");
            exit(1);
        }
    }
    if(ferror(source)!=0)
    {
        printf("Error in reading source file.\n");
        exit(1);
```

```
    }
    else
        printf("Success in reading source file.\n");
    if(fclose(source))
    {
        printf("Error in close source file.\n");
        exit(1);
    }
    else
        printf("Success in close source file.\n");
    if(fclose(backup))
    {
        printf("Error in close target file.\n");
        exit(1);
    }
    else
        printf("Success in close target file.\n");
    exit(0);
}
```

对于实验要求（2），涉及的与 Linux 相关的系统调用函数有 open()、close()、read()和 write()，并且需要执行的操作步骤如下。

（1）使用open()系统调用函数以只读方式打开想要备份的源文件 source，并以只写方式打开想要写入内容的目标文件 target。

（2）使用 read()系统调用函数循环读取源文件中一个缓冲区大小的内容，然后使用 write()系统调用函数将读取的内容写入目标文件。

（3）读取与写入完毕后，使用 close()系统调用函数关闭读写文件流。

示例代码如下：

```
#include<sys/types.h>
#include<stdio.h>
#include<stdlib.h>
#include<fcntl.h>
#include<sys/stat.h>
#define MAXSIZE 1024
int main()
{
    char buf[MAXSIZE];
    int source,backup;
    int size;
    printf("This program backup file based on Linux system calls.\n");
    source=open("./source.dat",O_RDONLY);              //打开源文件
    backup=open("./target.dat",O_WRONLY|O_CREAT,0644);   //打开目标文件
    if(source==-1)
    {
        perror("Error in opening file.\n");
```

```
            exit(1);
        }
        if(backup==-1)
        {
            perror("Error in opening backup file.\n");
            exit(1);
        }
        //备份文件
        while((size=read(source,buf,MAXSIZE))>0)
        {
            if(write(backup,buf,size)!=size)
            {
                printf("Error in writing file.\n");
                exit(1);
            }
        }
        if(size<0)
        {
            printf("Error in reading source file.\n");
            exit(1);
        }
        else
            printf("Success in reading source file.\n");
        //关闭文件
        if(close(source)<0)
        {
            perror("Error in close sourc file.");
            exit(1);
        }
        else
            printf("Success in close source file.\n");
        if(close(backup)<0)
        {
            perror("Error in close target file.");
            exit(1);
        }
        else
            printf("Success in close target file.\n");

        exit(0);
}
```

四、实验结果

使用 C 语言库函数备份文件的示例程序的运行结果如图 6.1 所示。

```
This program  backup file based on C Library.
Success in reading source file.
Success in close source file.
Success in close target file.
[hlwang@localhost program]$ ls -l *.dat
-rwxrwxr-x. 1 hlwang hlwang 9444 Sep  4 09:25 source.dat
-rwxrwxr-x. 1 hlwang hlwang 9444 Sep  5 03:21 target.dat
```

图 6.1　使用 C 语言库函数备份文件的示例程序的运行结果

使用系统调用备份文件的示例程序的运行结果如图 6.2 所示。

```
This program backup file based on Linux system calls.
Success in reading source file.
Success in close source file.
Success in close target file.
[hlwang@localhost program]$ ls -l *.dat
-rwxrwxr-x. 1 hlwang hlwang 9444 Sep  4 09:25 source.dat
-rwxrwxr-x. 1 hlwang hlwang 9444 Sep  5 03:17 target.dat
```

图 6.2　使用系统调用备份文件的示例程序的运行结果

五、实验思考

（1）使用系统调用函数 open()、read()、write()和 close()实现简单文件备份的原理是什么？

（2）使用 C 语言库函数 fopen()、fread()、fwrite()和 fclose()实现简单文件备份的原理是什么？

（3）上述两种方式的区别是什么？

6.4　实验 6.2：简单文件系统的模拟

一、实验目的

（1）理解文件存储空间的管理、文件的物理结构和目录结构以及文件操作的实现。

（2）加深对文件系统内部功能和实现过程的理解。

简单文件系统

二、实验内容

模拟实现一个简单的二级文件管理系统，要求做到以下几点。

（1）可以实现常用文件目录和文件操作，比如：

login 用户登录

dir 列文件目录

create 创建文件

delete 删除文件

open 打开文件

close 关闭文件

```
read 读文件
write 写文件
```

（2）在列文件目录时要列出文件名、物理地址、保护码和文件长度。

（3）源文件可以进行读写保护。

三、实验指导

1. 设计思路

本文件系统采用两级目录，其中第一级对应用户账号，第二级对应用户账号下的文件。由于只进行简单的模拟实现，因此不考虑文件共享、文件系统安全及特殊文件等内容。

设计时，首先应确定文件系统的数据结构，即主目录、子目录和活动文件等。主目录和子目录都以链表的形式存放，用户创建的文件以编号形式存储在磁盘上，并且需要在目录中进行登记。

2. 设计数据结构

在实现这个文件系统时，需要设计如下数据结构。

（1）磁盘块结构体。

```
typedef struct distTable
{
    int maxlength;                      //容量
    int start;                          //起始地址
    int useFlag;                        //是否被使用
    struct distTable *next;             //指向下一磁盘块的指针
}diskNode;
```

（2）文件块结构体（即 FCB）。

```
typedef struct fileTable
{
    char fileName[10];                  //文件名
    int strat;                          //文件在磁盘中的起始地址
    int length;                         //文件内容长度
    int maxlength;                      //文件的最大长度
    char fileKind[3];                   //文件的属性——读写方式
    struct tm *timeinfo;                //文件相关的时间信息
    bool openFlag;                      //判断是否有进程打开了该文件
}fileTableN;
```

（3）用户文件目录（user file directory，UFD）。

```
typedef struct user_file_directory
{
    struct fileTable *file;             //文件
    struct user_file_directory *next;   //下一个用户文件目录
```

```
}UFD;
```

（4）主文件目录（master file directory，MFD）。

```
typedef struct master_file_directory
{
    char userName[10];          //用户账号
    char password[10];          //用户密码
    UFD *user;                  //用户文件目录
}MFD;
```

3．示例代码

本实验是本书基础篇中最复杂的实验，因此涉及内容较多，实现方案也有多种。本节提供的部分示例代码如下。需要说明的是，下述代码并没有实现文件系统的全部功能，而且并不完全运行正确，在某些情况下还可能存在错误，读者需要在此基础上仔细修改、调试和完善。

```
#include <stdio.h>
#include <stdlib.h>
#include <time.h>
#include <string.h>
#include <unistd.h>
#include <stdbool.h>
#define MaxUser 100             //定义最大主目录文件
#define MaxDisk 512*1024        //模拟最大磁盘空间
#define commandAmount 12        //对文件操作的指令数
//存储空间管理有关结构体和变量
char disk[MaxDisk];             //模拟 512KB 的磁盘存储空间
typedef struct distTable        //磁盘块结构体
{
    int maxlength;
    int start;
    int useFlag;
    struct distTable *next;
}diskNode;
diskNode *diskHead;
typedef struct fileTable         //文件块结构体，即 FCB
{
    char fileName[10];
    int strat;                  //文件在磁盘中的起始地址
    int length;                 //文件内容长度
    int maxlength;              //文件的最大长度
    char fileKind[3];           //文件的属性——读写方式
    struct tm *timeinfo;
    bool openFlag;              //判断是否有进程打开了该文件
    //fileTable *next;
```

```
}fileTableN;
//两级目录结构体
typedef struct user_file_directory          //用户文件目录
{
    //char fileName[10];
    struct fileTable *file;
    struct user_file_directory *next;
}UFD;
//UFD *headFile;
typedef struct master_file_directory        //主文件目录
{
    char userName[10];
    char password[10];
    UFD *user;
}MFD;
MFD userTable[MaxUser];
int used=0;                                 //定义主文件目录中已有的用户数
//文件管理
void fileCreate(char fileName[],int length,char fileKind[]);    //创建文件
void fileWrite(char fileName[]);                    //写文件
void fileCat(char fileName[]);                      //读文件
void fileRen(char fileName[],char rename[]);        //重命名文件
void fileFine(char fileName[]);                     //查询文件
void fileDir(char UserName[]);                      //显示某一用户的所有文件
void fileClose(char fileName[]);                    //关闭已打开的文件
void fileDel(char fileName[]);                      //删除文件
void chmod(char fileName[],char kind[]);            //修改文件的读写方式
int requestDist(int startPostion,int maxLength);    //磁盘分配查询
void initDisk();                                    //初始化磁盘
void freeDisk(int startPostion);                    //释放磁盘空间
void diskShow();                                    //显示磁盘使用情况
//用户管理
void userCreate();
int login();
int userID=-1;    //用户登录的 ID 号，值为-1 时表示没有用户登录
int main()
{
    char order[commandAmount][10];
    strcpy(order[0],"create");
    strcpy(order[1],"rm");
    strcpy(order[2],"cat");
    strcpy(order[3],"write");
    strcpy(order[4],"fine");
```

```c
strcpy(order[5],"chmod");
strcpy(order[6],"ren");
strcpy(order[7],"dir");
strcpy(order[8],"close");
strcpy(order[9],"return");
strcpy(order[10],"exit");
strcpy(order[11],"df");
char command[100],command_str1[10],command_str2[10],command_str3[5],
command_str4[3];
int i,k,j;
int length;
initDisk();                          //初始化磁盘
for(i=0;i<MaxUser;i++)               //初始化用户文件目录的头指针
{
    userTable[i].user=(UFD *)malloc(sizeof(UFD));
    userTable[i].user->next=NULL;
}
while(1)
{
    printf("**********************************************\n");
    printf("                    1、Creat user\n");
    printf("                    2、login\n");
    printf("**********************************************\n");
    printf("Please chooce the function key:>");
    int choice;
    scanf("%d",&choice);
    if(choice==1) userCreate();
    else if(choice==2) userID=login();
    else printf("您的输入有误，请重新选择\n");
    while(userID!=-1)
    {
        printf("------------------------------\n");
        printf(" create-创建 格式：create a1 1000 rw，将创建名为 a1、长度
为 1000 字节、可读可写的文件\n");
        printf(" rm-删除 格式：rm a1，将删除名为 a1 的文件\n");
        printf(" cat-查看文件内容 格式：cat a1，将显示文件 a1 的内容\n");
        printf(" write-写入  格式：write a1\n");
        printf(" fine-查询 格式：fine a1，将显示文件 a1 的属性\n");
        printf("chmod-修改 格式：chmod a1 r，将文件 a1 的权限改为只读方式\n");
        printf(" ren-重命名 格式：ren a1 b1，将文件 a1 改名为 b1\n");
        printf(" dir-显示文件 格式：dir aaa，将显示用户 aaa 的所有文件\n");
        printf(" df-显示磁盘空间使用情况 格式：df\n");
        printf(" close-关闭文件 格式：close a1，将关闭文件 a1\n");
        printf(" return-退出用户，返回到登录界面\n");
```

```
printf(" exit-退出程序\n");
printf("-----------------------------\n");
printf("please imput your command:>");
gets(command);
int select;
//command_str1 字符串存储命令的操作类型
for(i=0;command[i]!=' '&&command[i]!='\0';i++)
    command_str1[i]=command[i];
k=i;
command_str1[k]='\0';
for(i=0;i<commandAmount;i++)
{
    if(!strcmp(command_str1,order[i]))
    {
        select=i;
        break;
    }
}
if(i==commandAmount)
{
    printf("您输入的命令有误，请重新输入\n");
    continue;
}
//commmand_str2 字符串存储文件名或用户名
for(i=k+1,k=0;command[i]!=' '&&command[i]!='\0';i++,k++)
    command_str2[k]=command[i];
command_str2[k]='\0';
k=i;
UFD *p;
switch(select)
{
case 0:for(i=k+1,k=0;command[i]!=' ';i++,k++)
            command_str3[k]=command[i];
        command_str3[k]='\0';
        k=i;
        j=1;
        length=0;                        //初始化文件长度
        for(i=strlen(command_str3)-1;i>=0;i--)
        {                                //把字符串转换为十进制数
            length+=(command_str3[i]-48)*j;
            j*=10;
        }
        for(i=k+1,k=0;command[i]!=' '&&command[i]!='\0';i++,k++)
            command_str4[k]=command[i];
        command_str4[k]='\0';
        fileCreate(command_str2,length,command_str4);break;
```

```
                        case 1:fileDel(command_str2);break;
                        case 2:fileCat(command_str2);break;
                        case 3:
                        fileWrite(command_str2);break;
                        case 4:fileFine(command_str2);break;
                        case 5:for(i=k+1,k=0;command[i]!=' '&&command[i]!='\0';i++,k++)
                             command_str3[k]=command[i];
                             command_str3[k]='\0';
                             chmod(command_str2,command_str3);break;
                        case 6:for(i=k+1,k=0;command[i]!='\0';i++,k++)
                             command_str3[k]=command[i];
                             command_str3[k]='\0';
                             fileRen(command_str2,command_str3);break;
                        case 7:fileDir(command_str2);break;
                        case 8:fileClose(command_str2);break;
                        case 9:        //退出用户之前关闭所有打开的文件
                             for(p=userTable[userID].user->next;p!=NULL;p=p->next)
                                  if(p->file->openFlag) p->file->openFlag=false;
                             system("cls");
                             userID=-1;break;
                        case 10:exit(0);break;
                        case 11:diskShow();break;
                        }
                }
        }
        return 0;
}
/* 从键盘读取按键信息，但不在屏幕上回显该信息 */
int getch(void)
{
        char c;
        system("stty -echo");
        system("stty -icanon");
        c=getchar();
        system("stty icanon");
        system("stty echo");
        return c;
}
void userCreate()
{
        char c;
        char userName[10];
        int i;
        if(used<MaxUser)
        {
                while (getchar () != '\n');    //清空流缓冲区
                printf("请输入用户名：");
```

```
        for(i=0;c=getch();i++)
        {
            if(c=='\n') break;
            else
                userName[i]=c;
            //printf("%c",c);
        }
        userName[i]='\0';
        for(i=0;i<used;i++)
        {
            if(!strcmp(userTable[i].userName,userName))
            {
                printf("\n");
                printf("该用户名已存在，创建用户失败\n");
                sleep(1);
                return;
            }
        }
        strcpy(userTable[used].userName,userName);
        printf("\n");
        printf("请输入密码：");
        for(i=0;c=getchar();i++)
        {
            if(c=='\n') break;
            else
                userTable[used].password[i]=c;
            printf("*");
        }
        userTable[userID].password[i]='\0';
        printf("\n");
        printf("创建用户成功\n");
        used++;
        sleep(1);
    }
    else
    {
        printf("创建用户失败，用户数已达到上限\n");
        sleep(1);
    }
}
int login()
{
    char name[10],psw[10];
    char c;
    int i,times;
    while (getchar () != '\n');   //清空流缓冲区
    printf("请输入用户名：");
```

```
for(i=0;c=getchar();i++)
{
    if(c=='\n') break;
    else
        name[i]=c;
    printf("%c",c);
}
name[i]='\0';
for(i=0;i<used;i++)
{
    if(!strcmp(userTable[i].userName,name))
        break;
}
if(i==used)
{
    printf("\n 您输入的用户名不存在\n");
    sleep(1);
    return -1;
}
for(times=0;times<3;times++)
{
    memset(psw,'\0',sizeof(psw));
    printf("\n 请输入密码: ");
    for(i=0;c=getchar();i++)
    {
        if(c=='\n') break;
        else
            psw[i]=c;
        printf("*");
    }
    printf("\n");
    for(i=0;i<used;i++)
    {
        if(!strcmp(psw,userTable[i].password))
        {
            printf("用户登录成功\n");
            sleep(1);
            break;
        }
    }
    if(i==used)
    {
        printf("您输入的密码错误，您还有%d 次输入机会\n",2-times);
        if(times==2) exit(0);
    }
    else break;
}
```

```
        return i;
}
void initDisk()
{
    diskHead=(diskNode *)malloc(sizeof(diskNode));
    diskHead->maxlength=MaxDisk;
    diskHead->useFlag=0;
    diskHead->start=0;
    diskHead->next=NULL;
}
int requestDist(int startPostion,int maxLength)
{
    int flag=0;   //标记是否分配成功
    diskNode *p,*q,*temp;
    p=diskHead;
    while(p)
    {
        if(p->useFlag==0&&p->maxlength>maxLength)
        {
            startPostion=p->start;
            q=(diskNode *)malloc(sizeof(diskNode));
            q->start=p->start;
            q->maxlength=maxLength;
            q->useFlag=1;
            q->next=NULL;
            diskHead->start=p->start+maxLength;
            diskHead->maxlength=p->maxlength-maxLength;
            flag=1;
            temp=p;
            if(diskHead->next==NULL) diskHead->next=q;
            else
            {
                while(temp->next) temp=temp->next;
                temp->next=q;
            }
            break;
        }
        p=p->next;
    }
    return flag;
}
void fileCreate(char fileName[],int length,char fileKind[])
{
    //int i,j;
    time_t rawtime;
    int startPos;
    UFD *fileNode,*p;
```

```
        for(p=userTable[userID].user->next;p!=NULL;p=p->next)
        {
                if(!strcmp(p->file->fileName,fileName))
                {
                        printf("文件重名, 创建文件失败\n");
                        sleep(1);
                        return;
                }
        }
        if(requestDist(startPos,length))
        {
                fileNode=(UFD *)malloc(sizeof(UFD));
                fileNode->file=(fileTableN *)malloc(sizeof(fileTableN));
                //这一步必不可少, 因为 fileNode 里面的指针也需要申请地址, 否则 fileNode->
                  file 指向会出错
                strcpy(fileNode->file->fileName,fileName);
                strcpy(fileNode->file->fileKind,fileKind);
                fileNode->file->maxlength=length;
                fileNode->file->strat=startPos;
                fileNode->file->openFlag=false;
                time(&rawtime);
                fileNode->file->timeinfo=localtime(&rawtime);
                fileNode->next=NULL;
                if(userTable[userID].user->next==NULL)
                        userTable[userID].user->next=fileNode;
                else
                {
                        p=userTable[userID].user->next;
                        while(p->next) p=p->next;
                        p->next=fileNode;
                }
                printf("创建文件成功\n");
                sleep(1);
        }
        else
        {
                printf("磁盘空间已满或所创建文件超出磁盘空闲容量, 磁盘空间分配失败\n");
                sleep(1);
        }
}

void freeDisk(int startPostion)
{
        diskNode *p;
        for(p=diskHead;p!=NULL;p=p->next)
        {
                if(p->start==startPostion)
```

```
                break;
        }
        p->useFlag=false;
}

void fileDel(char fileName[])
{
    UFD *p,*q,*temp;
    q=userTable[userID].user;
    p=q->next;
    while(p)
    {
        if(!strcmp(p->file->fileName,fileName)) break;
        else
        {
            p=p->next;
            q=q->next;
        }
    }
    if(p)
    {
        if(p->file->openFlag!=true)                //先判断是否有进程打开该文件
        {
            temp=p;
            q->next=p->next;
            freeDisk(temp->file->strat);          //磁盘空间回收
            free(temp);
            printf("文件删除成功\n");
            sleep(1);
        }
        else
        {
            printf("该文件已被进程打开，删除失败\n");
            sleep(1);
        }
    }
    else
    {
        printf("没有找到该文件，请检查输入的文件名是否正确\n");
        sleep(1);
    }
}

void fileCat(char fileName[])
{
    int startPos,length;
    int i,k=0;
```

```
        UFD *p,*q;
        q=userTable[userID].user;
        for(p=q->next;p!=NULL;p=p->next)
        {
                if(!strcmp(p->file->fileName,fileName))
                    break;
        }
    if(p)
    {
                startPos=p->file->strat;
                length=p->file->length;
                p->file->openFlag=true;       //文件打开标记
                printf("*****************************************************\n");
                //for(int i=startPos;k<length;i++,k++)
                i=startPos;
                while(k<length)
                {
                if(i%50==0) printf("\n");    //一行多于 50 个字符后就换行
                printf("%c",disk[i]);
                i++;
                k++;
                }
                printf("\n\n*****************************************************\n");
                printf("%s 已被 read 进程打开，请用 close 命令将其关闭\n",
                        p->file->fileName);
                sleep(1);
        }
        else
        {
                printf("没有找到该文件，请检查输入的文件名是否正确\n");
                sleep(1);
        }
}

void fileWrite(char fileName[])
{
        UFD *p,*q;
        q=userTable[userID].user;
        int i,k,startPos;
        for(p=q->next;p!=NULL;p=p->next)
        {
                if(!strcmp(p->file->fileName,fileName))
                    break;
        }
        if(p)
        {
```

计算机操作系统实验指导（Linux 版）（附微课视频）

```
            if(!strcmp(p->file->fileKind,"r"))          //判断文件类型
            {
                    printf("该文件是只读文件，写入失败\n");
                    sleep(1);
                    return;
            }
            char str[500];
            printf("please input content:\n");
            //gets(str);
            scanf("%s",str);
            startPos=p->file->strat;
            p->file->openFlag=true;                     //文件打开标记
            p->file->length=strlen(str);
            if(p->file->length>p->file->maxlength)
            {
                    printf("要写入的字符串的长度大于该文件的总长度，写入失败\n");
                    sleep(1);
                    return;
            }
            for(i=startPos,k=0;k<(int)strlen(str);i++,k++)
                    disk[i]=str[k];
            printf("文件写入成功，请用 close 命令将该文件关闭\n");
            sleep(1);
    }
    else
    {
            printf("没有找到该文件，请检查输入的文件名是否正确\n");
            sleep(1);
    }
}
void fileFine(char fileName[])
{
    UFD *p,*q;
    q=userTable[userID].user;
    for(p=q->next;p!=NULL;p=p->next)
    {
            if(!strcmp(p->file->fileName,fileName))
                    break;
    }
    if(p)
    {
            printf("*************************************************\n");
            printf("文件名：%s\n",p->file->fileName);
            printf("文件长度：%d\n",p->file->maxlength);
            printf("文件在磁盘中的起始地址：%d\n",p->file->strat);
```

```
                printf("文件类型: %s\n",p->file->fileKind);
                printf("创建时间: %s\n",asctime(p->file->timeinfo));
                printf("***********************************************\n");
                sleep(1);
        }
        else
        {
                printf("没有找到该文件, 请检查输入的文件名是否正确\n");
                sleep(1);
        }
}
void chmod(char fileName[],char kind[])
{
        UFD *p,*q;
        q=userTable[userID].user;
        for(p=q->next;p!=NULL;p=p->next)
        {
                if(!strcmp(p->file->fileName,fileName))
                        break;
        }
        if(p)
        {
                strcpy(p->file->fileKind,kind);
                printf("修改文件类型成功\n");
                sleep(1);
        }
        else
        {
                printf("没有找到该文件, 请检查输入的文件名是否正确\n");
                sleep(1);
        }
}
void fileRen(char fileName[],char name[])
{
        UFD *p,*q;
        q=userTable[userID].user;
        for(p=q->next;p!=NULL;p=p->next)
        {
                if(!strcmp(p->file->fileName,fileName))
                        break;
        }
        if(p)
        {
                while(q->next)
                {
                        if(!strcmp(q->next->file->fileName,name))
                        {
```

```
                    printf("您输入的文件名已存在，重命名失败\n");
                    sleep(1);
                    return;
                }
            q=q->next;
        }
        strcpy(p->file->fileName,name);
        printf("重命名成功\n");
        sleep(1);
    }
    else
    {
        printf("没有找到该文件，请检查输入的文件名是否正确\n");
        sleep(1);
    }
}
void fileDir(char userName[])
{
    UFD *p;
    int i,k;
    for(i=0;i<MaxUser;i++)
    {
        if(!strcmp(userTable[i].userName,userName))
        {
            k=i;break;
        }
    }
    if(i==MaxUser)
    {
        printf("没有找到该用户，请检查输入的用户名是否正确\n");

        return;
    }
    else
    {
        p=userTable[k].user->next;
        printf("*******************************************************\n");
        printf("文件名  文件长度  文件在磁盘中的起始地址  文件类型  创建时间\n");
        for(;p!=NULL;p=p->next)
            printf("%s      %d        %d        %s   %s",p->file->fileName,
            p->file->maxlength, p->file->strat,p->file->fileKind, asctime
            (p->file->timeinfo));
        printf("*******************************************************\n");

    }
}
void diskShow()
```

```
{
    diskNode *p;
    int i=0,unusedDisk=0;
    printf("***********************************************************\n");
    printf(" 盘块号     起始地址        容量(bit)     是否已被使用\n");
    for(p=diskHead;p!=NULL;p=p->next,i++)
    {
        if(p->useFlag==false) unusedDisk+=p->maxlength;
        printf("  %d        %d            %d          %d
            i,p->start,p->maxlength,p->useFlag);
    }
    printf("***********************************************************\n");
    printf("磁盘空间总容量：512×1024 bit  已使用：%dbit    未使用：%dbit\n\n",
        MaxDisk-unusedDisk,unusedDisk);
    sleep(1);
}

void fileClose(char fileName[])
{
    UFD *p,*q;
    q=userTable[userID].user;
    for(p=q->next;p!=NULL;p=p->next)
    {
        if(!strcmp(p->file->fileName,fileName))
            break;
    }
    if(p)
    {
        p->file->openFlag=false;
        printf("%s 文件已关闭\n",p->file->fileName);
        sleep(1);
    }
    else
    {
        printf("没有找到该文件，请检查输入的文件名是否正确\n");
        sleep(1);
    }
}
```

四、实验结果

上述示例代码的运行结果如图 6.3 和图 6.4 所示，首先需要创建用户，然后登录，登录成功后即可执行各类操作。对于各类操作的使用，程序已在屏幕上给出了帮助信息。具体请读者自己根据提示进行操作，此处不再详述。

图 6.3　文件系统示例代码的运行结果 1

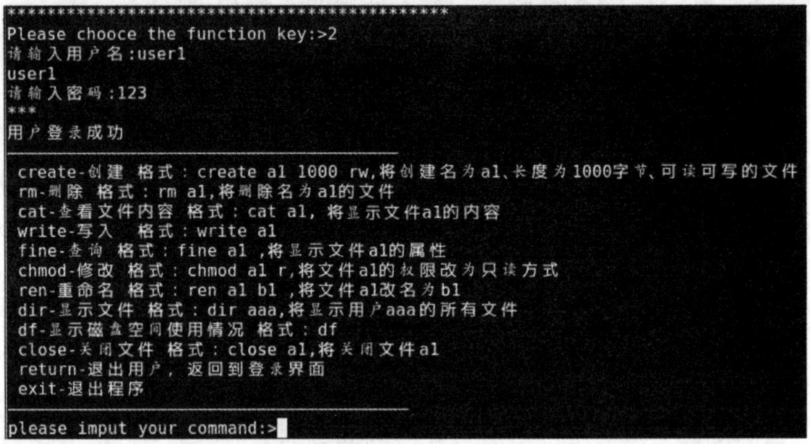

图 6.4　文件系统示例代码的运行结果 2

五、实验思考

（1）示例代码中没有给出明确的文件打开（open）操作和读（read）操作，请修改程序，实现文件打开操作和读操作，并说明在文件系统提供与不提供打开操作的情况下，读写文件时的不同。

（2）示例代码中使用了 gets() 函数，但该函数并不是 Linux C 语言下的标准函数，因此上述代码在编译时会出现警告，请修改这部分代码，并想办法替代 gets() 函数。

（3）完善这一简单文件系统的功能，如提供创建文件夹、删除文件夹等操作。

第二篇

进阶实验篇

第 7 章
Linux 内核编译

Linux 内核是一种开源的操作系统内核。它是一个用 C 语言写成、符合 POSIX 标准的类 UNIX 操作系统。Linux 内核最早是由林纳斯为尝试在英特尔 x86 架构上提供自由的类 UNIX 操作系统而开发的，现如今，全球无数的程序员都正在为该计划提供无偿帮助。Linux 内核实现了很多重要的体系结构属性，并被划分成了多个子系统。Linux 可被看作一个整体，它会将所有的基本服务都集成到内核中。本章主要介绍 Linux 内核编译。

7.1 Linux 内核简介

Linux 是当今流行的操作系统之一。由于其源码的开放性，现代操作系统设计的思想和技术能够不断运用于它的新版本中。读懂并修改 Linux 内核源代码无疑是学习操作系统设计技术的有效方法。

通过学习 Linux，可以体会到一个现代操作系统是如何被设计实现的。从本章起，编者的目的就是指引读者进入这个神秘的境地去探索操作系统的奥秘。

从技术上讲，Linux 只是一个内核。内核指的是一个提供设备驱动、文件系统、进程管理、网络通信等功能的系统软件。内核并不是一套完整的操作系统，它只是操作系统的核心。一些组织或厂商将 Linux 内核与各种软件和文档包装起来，并提供系统安装界面和系统配置、设定与管理工具，这便构成了 Linux 的发行版本。

在 Linux 内核的发展过程中，各种 Linux 发行版本起到了巨大的作用，正是它们促进了 Linux 的广泛应用，让更多的人开始关注 Linux。因此，把 Red Hat、Ubuntu、SUSE 等直接说成 Linux 其实是不确切的，它们是 Linux 的发行版本，更确切地，它们应该被叫作"以 Linux 为核心的操作系统软件包"。

Linux 的发行版本大体可以分为两类：商业公司维护的发行版本，以著名的 Red Hat 为代表；社区组织维护的发行版本，以 Debian 为代表。表 7.1 罗列了几种常见的 Linux 发行版本以及它们各自的特点。

表 7.1　几种常见的 Linux 发行版本及其特点

版本名称	特点	软件包管理器
Debian	开放的开发模式，且易于进行软件包升级	apt
Fedora Core	拥有数量庞大的用户和优秀的社区技术支持，并且有许多创新	up2date（rpm）、yum（rpm）
CentOS	CentOS 是一种对 RHEL（Red Hat Enterprise Linux）源代码做了再编译的产物，由于 Linux 是开放源代码的操作系统，它并不排斥基于源代码的再分发。CentOS 对商用的 Linux 操作系统 RHEL 的源代码做了再编译与分发，同时还在 RHEL 的基础上修正了不少已知的漏洞	rpm、yum
SUSE	专业的操作系统，易用的 YaST 软件包管理系统	YaST（rpm）、第三方 apt（rpm）软件库（repository）
Mandriva	操作界面友好，使用图形配置工具，有庞大的社区提供技术支持，支持变更 NTFS 分区的大小	rpm
KNOPPIX	可以直接在 CD 上运行，具有优秀的硬件检测和适配能力，可作为系统的急救盘使用	apt
Gentoo	具有高度的可定制性，使用手册完整	portage
Ubuntu	具有优秀易用的桌面环境，是基于 Debian 构建的	apt

使用者可以根据需求来选择 Linux 的发行版本。对于本门课程的学习者，本书推荐使用 CentOS 或 Ubuntu。本书给出的命令适用于 Ubuntu，使用其他发行版本的学习者，请根据版本进行适当调整。

7.2　内核编译方法

Linux 内核的编译包括以下几个关键步骤。

1. 下载内核源代码

Linux 受 GNU 通用公共许可证（GNU public license，GPL）保护，其内核源代码是完全开放的。现在有很多网站都提供 Linux 内核源代码的下载，从 Linux 的官方网站上可以找到所有的内核版本。

请解压下载的内核并将其放在/usr/src 目录下。

2. 配置内核源代码

在编译内核前，需要对内核进行相应的配置。配置的作用是精确控制新内核的功能，即控制哪些功能需要编译到内核的二进制映像中（在启动时载入），而哪些功能是需要时才需要装入内核模块（module）。

在配置内核的时候有很多配置方法，介绍如下。

- make config（基于文本的传统配置界面）。
- make oldconfig（如果只想在原来内核配置的基础上修改一部分，则可以使用该方法，这会省去很多麻烦）。
- make xconfig（基于图形窗口模式的配置界面，推荐在 X Windows 下使用）。
- make menuconfig（基于文本选择的配置界面，推荐在字符终端下使用）。

补充说明：①如果.config 文件不存在，那么运行 make config/menuconfig 时的默认设置由固化在各个 Kconfig 文件中的各配置选项的默认值决定；②如果.config 文件存在，那么运行 make config/menuconfig 时的默认设置即当前.config 文件中的设置；若对设置进行了修改，则.config 文件将被更新。

以上 4 种配置方法的目的都是在源代码的顶层目录下生成一个.config 文件。由于 make menuconfig 比较方便且经常使用，本书推荐使用 make menuconfig 这种配置方法。

对于每个配置选项，用户有 3 种选择，它们代表的含义分别如下。

- <*>或[*]：将该功能编译进内核。
- [ ]：不将该功能编译进内核。
- [M]：将该功能编译成可在需要时动态插入内核的模块。

3．编译内核和模块

编译内核要用 make 工具。编译的内容和安装的模块等都在 Makefile 中，可以通过查看 Makefile 来了解它们，也可以通过 Makefile 对编译、安装等操作进行调整。

编译内核需要较长的时间，具体与机器的硬件条件及内核的配置等因素有关。为了提高编译速度，可以使用-j 选项进行多线程处理。在一台双核的机器上，可以使用 make -j4 使 make 最多允许 4 条编译命令同时执行，从而更有效地利用 CPU 资源。在一名 4 核的机器上，可以使用 make -j8 使 make 最多允许 8 条编译命令同时执行。在多核 CPU 上，适当地进行并行编译可以明显提高编译速度，但并行的任务不宜太多，一般以 CPU 核数的两倍为宜。

如果选择了可加载模块，并且在编译完内核后还要对所选择的模块进行编译，那么可以使用下面的命令来编译模块并将它们安装到标准的模块目录中。

```
# make modules -j8
# make modules_install
```

4．安装和启动 Linux 内核

软件已经被构建好并且可以执行后，接下来要做的就是将可执行文件复制到最终的路径上。make install 命令的作用就是将可执行文件、第三方依赖包和文档复制到正确的路径上。通常，Linux 于系统引导后会在/boot 目录下安装 bzImage，并且会在相关版本的内核下生成 initramfs 文件。

由于 Makefile 文件通常已对这些工作进行了配置，因此执行 make install 即可完成这

些操作。

安装完成后，进入/boot 目录，就会发现已经生成了 vmlinuz 和 initramfs 文件。

重新启动 Linux，并在进入系统时选择新内核，有些系统不需要选择就能自动进入新的内核版本。

7.3　实验 7：编译 Linux 内核

一、实验目的

（1）学习重新编译 Linux 内核的方法。

（2）理解 Linux 标准内核和发行版本内核的区别。

Linux 内核编译

二、实验内容

在 Linux 系统中下载同一发行版本的版本号较高的内核，编译之后运行自己编译的内核，并使用 uname –r 命令查看是否运行成功。由于不同版本的内核在编译过程中可能出现不同的问题，本书推荐的内核版本为 4.16.10。从第 7 章开始的进阶实验篇，都可以选用该版本的内核。

三、实验指导

以下给出详细的实验指导和参考界面。需要注意的是，一定要提前检查硬盘空间是否足够。针对 4.16.10 内核版本，推荐编译空间为 30 GB。如果使用了虚拟机，那么同样需要检查虚拟空间是否足够。下面只介绍主要步骤，实验时请结合给出的参考界面，核对实验步骤和实验结果是否正确。

由于实验内容体现在各个操作上，因此实验结果为各个操作的结果。内核编译成功的标志就是能够使用新编译成功的内核正常运行系统。

（1）查看内核版本。

```
# uname -r
```

若以上命令执行后显示的结果为 4.16.10-generitic，则说明此时的内核版本为 4.16.10。

（2）下载内核。

既可以通过 Linux 官方网站下载内核，也可以通过国内的某些网站进行下载。

推荐内核版本：linux-4.16.10。

下载后的压缩包：linux-4.16.10.tar.gz。

（3）解压。

将压缩包解压到/usr/src 目录下，例如：

```
# tar xf linux-4.16.10.tar.gz -C /usr/src
```

解压完成后使用# cd /usr/src 命令跳转至/usr/src 目录，利用 ls 命令查看是否解压成功，如图 7.1 所示。

```
root@KVD-Standard-PC:/usr/src# ls
linux-4.16.10            linux-headers-4.15.0-29-generic
linux-4.16.10.tar.gz     linux-headers-4.15.0-33
linux-headers-4.15.0-29  linux-headers-4.15.0-33-generic
```

图 7.1　利用 ls 命令查看是否解压成功

（4）配置内核。

```
# cd linux-4.16.10
```

进入解压后的内核版本目录，执行下列命令：

```
# make menuconfig
```

执行以上命令后，便可以图形化配置哪些功能需要直接编译进内核，哪些功能需要编译成模块，哪些功能不需要编译，如图 7.2 所示。随后保存对应的配置文件。

```
文件(F) 编辑(E) 查看(V) 搜索(S) 终端(T) 帮助(H)
.config - Linux/x86 4.16.10 Kernel Configuration
                   Linux/x86 4.16.10 Kernel Configuration
   Arrow keys navigate the menu.  <Enter> selects submenus --->  (or empty submenus
   ----).  Highlighted letters are hotkeys.  Pressing <Y> includes, <N> excludes,
   <M> modularizes features.  Press <Esc><Esc> to exit, <?> for Help, </> for
   Search.  Legend: [*] built-in  [ ] excluded  <M> module  < > module capable

       [*] 64-bit kernel
           General setup  --->
       [*] Enable loadable module support  --->
       [*] Enable the block layer  --->
           Processor type and features  --->
           Power management and ACPI options  --->
           Bus options (PCI etc.)  --->
           Executable file formats / Emulations  --->
       [*] Networking support  --->
           Device Drivers  --->
              (+)

           <Select>    < Exit >    < Help >    < Save >    < Load >
```

图 7.2　利用 make menuconfig 配置编译内容

对于每个配置选项，可以通过<Select>来对其进行选择：< * >或[*]表示将该功能编译进内核；[ ]表示不将该功能编译进内核；[M]表示将该功能编译成可以在需要时动态插入内核的模块。

说明：从此处开始，如果出现缺包错误，那么需要按照错误提示安装所需要的包。例如，缺少 ncurses 库则可使用命令 apt-get install ncurses-devel 来安装所需要的包。

（5）编译内核。

```
# make -jn
```

下面利用 make 命令开始编译内核。为了提高编译速度，可以使用-j选项进行多线程处理。在一台双核的机器上，可以使用 make -j4 使 make 最多允许 4 条编译命令同时执行，从而更有效地利用 CPU 资源。在一台 4 核的机器上，可以使用 make –j8 使 make 最多允许 8 条编译命令同时执行。同样，如果出现缺包错误，那么需要安装所缺的包，比如 openssl（apt-get install openssl）和 libssl-dev（apt-get install libssl-dev）。编译且没有出错的结果如图 7.3 所示。

图 7.3　编译成功

（6）编译和安装模块。

```
# make modules
# make modules_install
```

同样，可以使用-j 选项进行多线程处理。例如：

```
# make modules -j8
```

（7）安装内核。

```
# make install
```

如果内核安装成功，就会出现图 7.4 所示的界面。

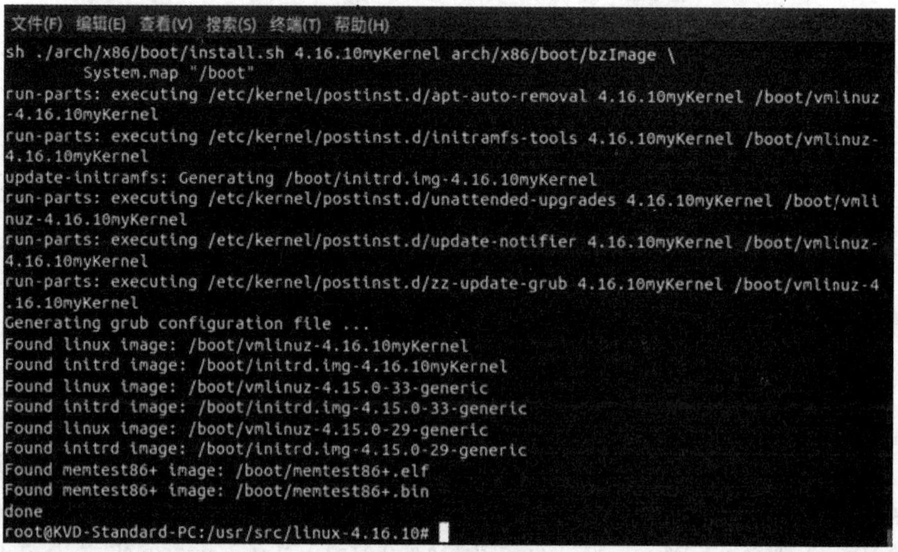

图 7.4　内核安装成功

（8）重新启动，检查新内核。

```
# reboot
```

重启 Linux 以开启新的内核。注意：有可能出现短暂死机的情况，可以多等待一些时间。

使用以下命令可以再次查看内核版本，检查内核是否安装成功。

```
# uname -r
```

四、常见问题

编译过程中，我们需要细心和耐心，如果出现问题，要善于使用搜索工具查找原因。以下是一些经常出现的问题和对应的解决方案，供读者参考。

（1）注意需要提前在"软件与更新"配置页中将更新权限打开，否则会出现无法定位的错误。

由于 Ubuntu 使用 apt 来管理软件包，而 apt 会将软件包存储在/etc/apt/sources.list 和/etc/apt/sources.list.d/目录下带.list 后缀的文件中，因此可以使用命令 man sources.list 来查看 apt 的完整存储机制。通过编辑这些文件，可以添加、删除或临时关闭某些软件包，也可以在 Ubuntu 图形化界面的属性页上通过勾选的方式加以实现。

（2）若不安装 ncurses 包就直接使用命令 make menuconfig，系统会报缺少 ncurses 组件的错误，此时读者需要按照错误提示安装对应的包。例如：

```
# apt-get install ncurses-devel
```

如果缺少依赖的包，那么可以根据错误提示进行安装，例如：

```
# apt-get install libncurses5-dev
```

（3）在 make 过程中也可能出现缺包错误，比如缺少 openssl 和 libssl-dev 包。读者可以利用下列命令来安装这两个包。

```
# apt-get install openssl
# apt-get install libssl-dev
```

（4）编译前一定要注意留出足够的磁盘空间，否则会出现"磁盘空间不足"的错误。

（5）重启系统需要的时间比较长，这和所用设备有关。如果出现长时间宕机的现象，建议读者耐心等待。如果超过半小时没有响应，则可认为编译失败。如果确实重启失败，则说明内核崩溃了。原因可能是编译过程中出现了错误或内核本身就有问题等，可以更换内核版本并重新尝试。

五、实验思考

总结内核编译过程中遇到的问题及相应的解决方案。

第 8 章
系统调用

系统调用（system call）是操作系统提供的服务接口，通常用 C 或 C++ 编写；针对某些底层任务（如直接访问硬件等）则可用汇编语言编写。由操作系统实现并提供的所有系统调用所构成的集合，即 API，其是应用程序与操作系统之间的接口。本章将重点讲解如何实现系统调用。

8.1 系统调用基础

1. 什么是系统调用

操作系统的主要功能是为管理硬件资源和为应用程序开发人员提供良好的环境，以使应用程序具有更好的兼容性。为了达到这个目的，内核提供了一系列具备预定功能的多内核函数，并通过一组被称为系统调用的接口呈现给用户。这些系统调用通常是用 C 或 C++ 编写的。系统调用是内核提供的功能十分强大的一系列函数，其会把应用程序的请求传给内核，调用相应的内核函数以完成所需的处理，并将处理结果返回给应用程序。

2. 为什么需要系统调用

系统调用除了为用户程序提供强大的系统支持外，还可以为操作系统自身提供系统安全和运行效率方面的保障。

Linux 可以运行在两种模式下：用户模式（user mode）和内核模式（kernel mode）。区分这两种模式主要是出于安全方面的考虑，如运行在用户模式下的程序既不能访问一些敏感的内核变量和内核函数，也不能擅自访问其他程序的数据。系统调用是用户程序与内核的接口，通过系统调用，Linux 可由用户模式转入内核模式，在内核模式下完成相应的服务后，再返回用户模式。

从效率的角度看，系统调用涉及操作系统的总体设计。如果没有操作系统，每个应用程序就要直接面对系统硬件，即需要面向底层硬件进行编码，但是没有一定计算机专业功底的人是无法胜任此项工作的。而操作系统对硬件做了封装，提供了一套统一的接口，这些接口就是系统调用。显然，系统调用提高了用户编写程序的效率。

8.2　添加 Linux 系统调用

Linux 系统调用有两种添加方法：一种是编译内核法，另一种是内核模块法。

8.2.1　编译内核法

要做的准备工作如下。

（1）添加系统调用号，让系统根据这个调用号找到 syscall_table 中的相应表项。具体做法是在/arch/x86/entry/syscalls/syscall_64.tbl 文件中添加系统调用号与调用函数的对应关系。

（2）实现 my_syscall 的方法有两种。第一种方法是在 kernel 目录下新建一个目录以添加用户自己的文件。这种方法不仅要编写 Makefile，还要修改全局的 Makefile。第二种方法比较简便，即首先在 kernel/sys.c 中添加用户自己的服务函数，且不需要修改系统的Makefile；然后为添加的服务函数在/usr/src/linux-4.16.10/arch/x86/include/asm/syscalls.h 中添加函数声明。

以上准备工作做完之后，就可以编译内核了。编译内核的方法已在第 7 章介绍了，读者可以参照第 7 章的内容完成内核的编译。

8.2.2　内核模块法

内核模块法其实是系统调用拦截的实现。系统调用服务程序的地址是存放在sys_call_table 中的（通过系统调用号定位到的）系统调用地址。用户可以通过编写内核模块来修改 sys_call_table 中的系统调用地址为自己定义的函数地址，从而实现系统调用的拦截。具体做法就是在通过模块加载时，将系统调用表里的某个系统调用号所对应的系统调用服务地址改为自己实现的系统调用服务地址。

8.3　实验 8：添加一个系统调用

系统调用

一、实验目的

（1）学习 Linux 内核的系统调用方法。

（2）理解并掌握 Linux 系统调用的实现框架、用户界面、参数传递、进入/返回过程。

二、实验内容

根据 8.2 节描述的两种方法添加一个不用传递参数的系统调用，其功能是简单输出类似"hello world!"这样的字符串。

三、实验指导

1. 使用内核编译法添加系统调用

这种方法需要重新编译内核。编译内核的详细步骤和一些常见的问题参见第 7 章，这里仅描述主要步骤。

（1）获取 root 权限。

（2）进入 kernel 目录。

```
# cd /usr/src/linux-4.16.10/kernel
```

此处请读者根据自己的 kernel 目录进行调整，下文涉及修改的地方也请做同样的调整。

（3）打开 sys.c 并在其中加入如下函数，如图 8.1 所示。

```
asmlinkage long sys_helloworld(void){
    printk( "hello world!");
    return 1;
}
```

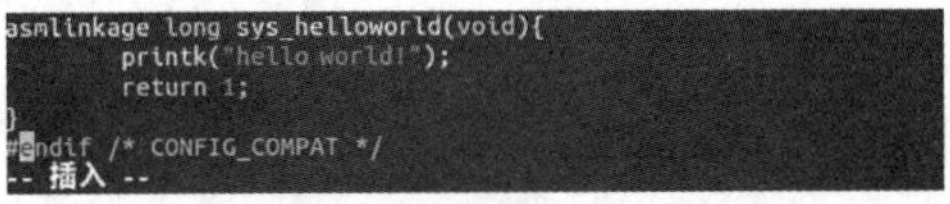

图 8.1　在 sys.c 中加入 sys_helloworld 函数

（4）添加声明。

```
# cd /usr/src/linux-4.16.10/arch/x86/include/asm/
# vim syscalls.h
```

在 syscalls.h 中加入如下函数声明：

```
asmlinkage long sys_helloworld(void);
```

（5）添加一个系统调用号。

```
# cd/usr/src/linux-4.16.10/arch/x86/entry/syscalls
# vim syscall_64.tbl
```

在系统调用表（其最前面的属性是id）中添加一个 id 为 333 的系统调用号，添加后保存 syscall_64.tbl 文件，如图 8.2 所示。

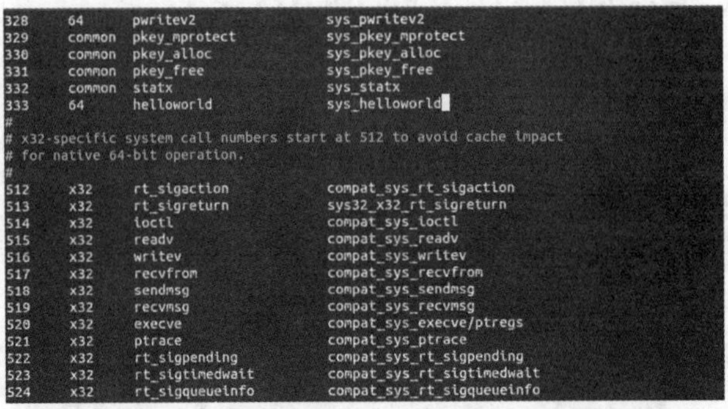

图 8.2　添加系统调用号后保存 syscall_64.tbl 文件

系统调用号添加示例：

```
333  64  helloworld          sys_helloworld
```

（6）配置内核。

```
# cd /usr/src/linux-4.16.10
```

清除旧目标文件并重新配置内核，依次执行以下语句（与第 7 章类似）。

```
# sudo make mrproper
# sudo make clean
# sudo make menuconfig
```

为了更明显地看到编译的内核版本，可以在 makeconfig 时将 General setup 界面上的 Local version 修改成新的名称，如 myKernel，如图 8.3 所示。

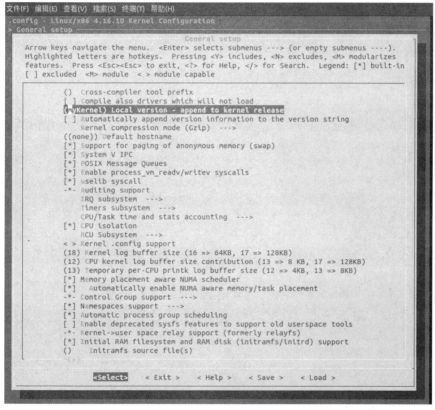

图 8.3　配置内核

（7）编译和安装内核（与第 7 章类似）。

```
# sudo make -j8   //如果编译时出现缺包问题，则请安装相应的软件包
# sudo make modules -j8
# sudo make modules_install
# sudo make install
```

（8）重启系统。

```
# uname -r
```

查看此时的内核版本，如图 8.4 所示。

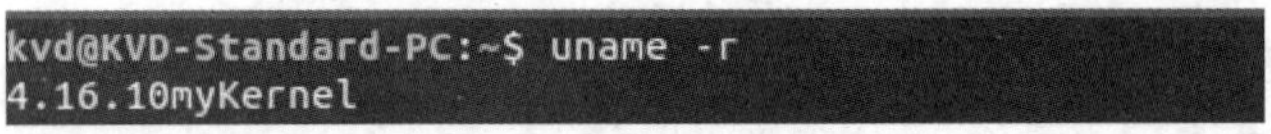

图 8.4　查看内核版本

2. 使用内核模块法添加系统调用

使用内核模块法添加系统调用的步骤如下。

（1）编写 hello.c 文件，内容如下。

```c
#include <linux/kernel.h>
#include <linux/init.h>
#include <linux/module.h>
#include <linux/unistd.h>
#include <linux/sched.h>
MODULE_LICENSE("Dual BSD/GPL");
#define SYS_CALL_TABLE_ADDRESS 0xffffffffabe001a0 //sys_call_table 对应的地址
#define NUM 223                      //系统调用号为 223
int orig_cr0;                        //用来存储 cr0 寄存器原来的值
unsigned long *sys_call_table_my=0;
static int (*anything_saved)(void);   //定义一个函数指针，用来保存一个系统调用
static int clear_cr0(void)    //将 cr0 寄存器的第 17 位设置为 0（内核地址空间可写）
{
      unsigned int cr0=0;
      unsigned int ret;
      //将 cr0 寄存器的值移到 eax 寄存器中，同时输出到 cr0 变量中
      asm volatile("movq %%cr0,%%rax":"=a"(cr0));
      ret=cr0;
      //将 cr0 变量值中的第 17 位清 0，并将修改后的值写入 cr0 寄存器
      cr0&=0xfffffffffffeffff;
      //将 cr0 变量的值输入 eax 寄存器中，同时移到 cr0 寄存器中
      asm volatile("movq %%rax,%%cr0"::"a"(cr0));
      return ret;
}
static void setback_cr0(int val)       //将 cr0 寄存器设置为内核地址空间不可写
{
      asm volatile("movq %%rax,%%cr0"::"a"(val));
}
asmlinkage long sys_mycall(void)       //定义自己的系统调用
{
      printk("模块系统调用-当前 pid:%d,当前 comm:%s\n",current->pid,current->comm);
      printk("hello world!\n");
      return current->pid;
}
static int __init call_init(void)
{
      sys_call_table_my=(unsigned long*)(SYS_CALL_TABLE_ADDRESS);
```

```
        printk("call_init......\n");
        //保存系统调用表中处于 NUM 位置的系统调用
        anything_saved=(int(*)(void))(sys_call_table_my[NUM]);
        orig_cr0=clear_cr0();   //使内核地址空间可写
        //用自己的系统调用替换系统调用表中处于 NUM 位置的系统调用
        sys_call_table_my[NUM]=(unsigned long) &sys_mycall;
        setback_cr0(orig_cr0);  //使内核地址空间不可写
        return 0;
}
static void __exit call_exit(void)
{
        printk("call_exit......\n");
        orig_cr0=clear_cr0();
        sys_call_table_my[NUM]=(unsigned long)anything_saved;  //将系统调用恢复
        setback_cr0(orig_cr0);
}
module_init(call_init);
module_exit(call_exit);
```

需要将 hello.c 文件中 sys_call_table 的地址修改为读者自己计算机中此时显示的地址。查询自己计算机中 sys_call_table 地址的方法如步骤（2）所述。

（2）查询 sys_call_table 的地址。

可以使用 sudo cat /proc/kallsyms | grep sys_call_table 命令来查询 sys_call_table 的地址，如图 8.5 所示。

图 8.5　查询 sys_call_table 的地址

得到的地址为 ffffffffabe001a0，用该地址替换示例代码中定义的 SYS_CALL_TABLE_ADDRESS。

（3）编写 Makefile 文件，可参考如下内容：

```
obj-m := hello.o
CURRENT_PATH:=$(shell pwd)
LINUX_KERNEL_PATH:= /usr/src/kernels/$(shell uname -r)
all:
  make -C $(LINUX_KERNEL_PATH) M=$(CURRENT_PATH) modules
clean:
  make -C $(LINUX_KERNEL_PATH) M=$(CURRENT_PATH) clean
```

需要注意的是，LINUX_KERNEL_PATH 需要被改成当前使用的 kernel 的目录。

（4）依次执行以下命令，编译 hello 模块并将其装入系统。

```
sudo make
sudo insmod hello.ko
```

```
lsmod   //查看所有模块，从而检查 hello 模块是否被装入系统
```

四、实验结果

（1）对于内核编译法，为了验证系统调用是否成功，可编写如下验证代码。

```c
#include <stdio.h>
#include <linux/kernel.h>
#include <sys/syscall.h>
#include <unistd.h>
int main()
{
    long int a = syscall(333);
    printf("System call sys_helloworld reutrn %ld\n", a);
    return 0;
}
```

使用如下命令编译示例代码：

```
# gcc hello.c
```

执行验证代码，可输入下列命令：

```
# ./a.out
```

得到的结果如图 8.6 所示，这表明成功添加了系统调用。

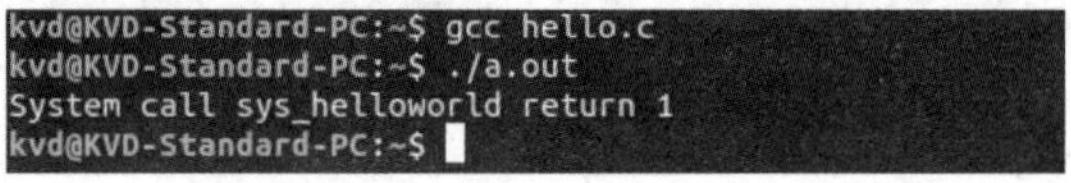

图 8.6　成功添加了系统调用

（2）对于内核模块法，验证方法类似。

① 创建测试程序 test.c 以测试新增的系统调用是否可以正常工作。test.c 测试程序中的示例代码如下。

```c
#include<stdio.h>
#include<stdlib.h>
#include<linux/kernel.h>
#include<sys/syscall.h>
#include<unistd.h>
int main()
{
    unsigned long x = 0;
    x = syscall(223);          //测试 223 号系统调用
    printf("syscall result: %ld\n", x);
    return 0;
}
```

② 编译并运行测试程序。

```
# gcc -o test test.c
# ./test
```

控制台输出结果示例：

```
syscall result: 6426
```

此外，可以利用 dmesg 命令（代码如下）查看系统日志输出，结果如图 8.7 所示，其中展示了模块初始化、系统调用添加和模块卸载时的系统日志输出，这表明实验成功，即成功初始化模块、添加系统调用和卸载模块。

```
# dmesg | tail
```

```
[ 1247.604865] call_init......
[ 1271.666380] 模块系统调用-当前pid：6426，当前comm:test
[ 1271.666382] hello world!
[ 1370.258498] call_exit......
kvd@KVD-Standard-PC:~/syscall$
```

图 8.7　利用 dmesg 命令查看系统日志输出

五、实验思考

总结添加系统调用时出现的问题及其原因与解决方案。

第 9 章
虚拟内存管理

虚拟内存管理是用于计算机系统内存管理的一种技术，它可以使进程不必完全处于内存。进程认为虚拟内存拥有连续的可用内存（一个连续完整的地址空间），而实际上，它可能是由多个物理内存碎片组成的，其中可能还有部分碎片位于外部磁盘存储器上，在需要时才与内存进行数据交换。这一技术的优点是允许程序所占内存大于物理内存。目前，大多数操作系统都使用了虚拟内存。

9.1 Linux 虚拟内存管理

在学习 Linux 虚拟内存管理之前，我们首先复习一下 Linux 虚拟内存管理中的几个关键概念。

虚拟内存管理

（1）每个进程都有独立的虚拟地址空间，进程访问的虚拟地址并不是真正的物理地址。

（2）虚拟地址可通过每个进程的页表与物理地址进行映射，进而获得真正的物理地址。

（3）如果虚拟地址对应的物理地址不在物理内存中，则会产生缺页中断，并在真正分配物理地址的同时更新进程的页表；如果此时物理内存已经耗尽，则会根据内存替换算法淘汰部分页面至物理磁盘中。

Linux 通过使用虚拟地址空间极大地扩展了进程的寻址空间，由低地址到高地址分别如下。

（1）只读段：这部分空间只能读、不能写，包括代码段、rodata 段（C 常量字符和使用#define 定义的常量）等。

（2）数据段：保存全局变量、静态空间变量等。

（3）堆：即平时所说的动态内存，malloc/new 大部分都源于此。其中，堆顶的位置可以通过 brk 和 sbrk 进行动态调整。

（4）文件映射区域：如动态库、共享内存等映射物理空间的内存，一般是为 mmap 函数分配的虚拟地址空间。

（5）栈：用于维护函数调用的上下文空间，一般为 8MB，可以通过 ulimit –s 命令来查看。

（6）内核虚拟空间：用户代码不可见的区域，由内核负责管理。

由于进程线性地址空间里的页不必常驻内存，因此在执行一条指令时，如果要访问的页不在内存中，那么可以停止执行该指令并产生一个页不存在的异常，对应的异常处理程序可通过从外存加载该页的方法来排除故障，即进行缺页中断处理。之后，原先引起异常的指令即可继续执行，而不再产生异常。

本章的目标是实践缺页、缺页中断等知识，并统计从当前时刻起的一段时间内发生的缺页次数。

9.2 实验 9.1：统计系统缺页次数

一、实验目的

（1）理解操作系统中缺页中断的工作原理。

（2）学会通过修改内核实现统计系统缺页次数的方法。

二、实验内容

通过修改 Linux 内核中的相关代码，统计系统缺页次数。

三、实验指导

本实验采用内核源代码的方法来统计系统缺页次数，因此涉及相关内核源代码的修改、内核的重新编译、缺页次数的输出等内容。具体步骤如下。

（1）在内核源代码中找到 include/linux/mm.h 文件，声明变量 pfcount 用于统计缺页次数，如图 9.1 所示。

```
extern int page_cluster;
extern unsigned long volatile pfcount;
```

图 9.1　在 mm.h 中声明变量 pfcount

（2）同样，在/arch/x86/mm/fault.c 文件中定义变量 pfcount，如图 9.2 所示，并在 do_page_fault()函数中找到并修改 good_area，以使变量 pfcount 递增 1，如图 9.3 所示。

```
unsigned long volatile pfcount;
static nokprobe_inline int
```

图 9.2　定义变量 pfcount

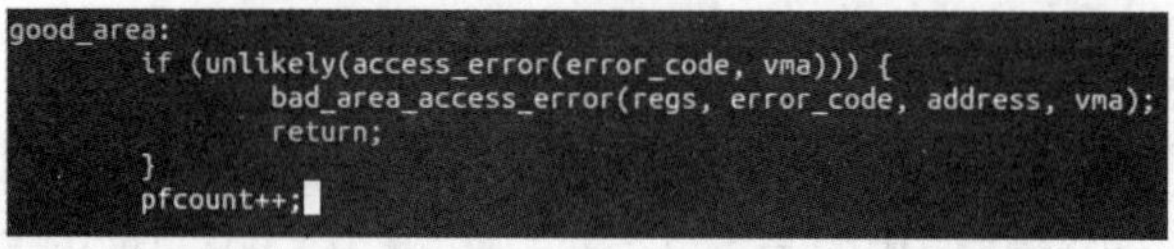

```
good_area:
        if (unlikely(access_error(error_code, vma))) {
                bad_area_access_error(regs, error_code, address, vma);
                return;
        }
        pfcount++;
```

图 9.3　修改 good_area 以使变量 pfcount 递增 1

（3）修改 kernel/kallsyms.c 文件，即在这个文件的最后插入“EXPORT_SYMBOL (pfcount);”。该步骤的作用是使得在 EXPORT_SYMBOL 标签内定义的函数或变量对全部内核代码公开。既可以使用文本编辑器修改这个文件，如图 9.4 所示；也可以使用命令 echo 'EXPORT_SYMBOL (pfcount);' >>kernel/kallsyms.c 来完成修改。

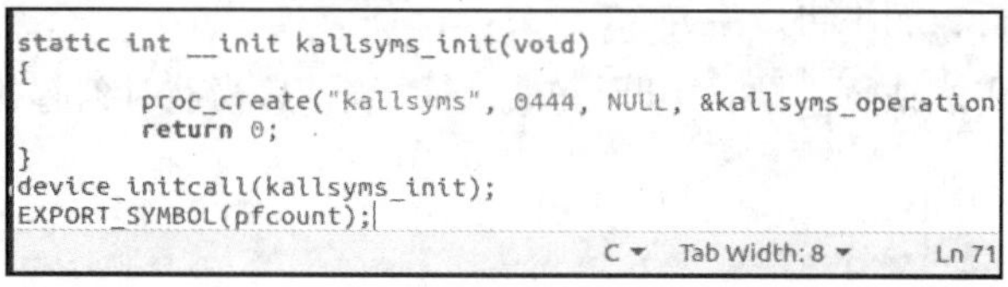

```
static int __init kallsyms_init(void)
{
        proc_create("kallsyms", 0444, NULL, &kallsyms_operation
        return 0;
}
device_initcall(kallsyms_init);
EXPORT_SYMBOL(pfcount);
```

图 9.4　在 kallsyms.c 文件的最后插入“EXPORT_SYMBOL(pfcount);”

（4）重新编译内核，编译方法之前已经详细介绍过，此处不再赘述。

（5）编写测试程序 readpfcount.c。测试程序的功能是以内核模块的形式读取 pfcount 的值并输出。参考代码如下：

```
#include <linux/module.h>
#include <linux/sched.h>
#include <linux/uaccess.h>
#include <linux/proc_fs.h>
#include <linux/fs.h>
#include <linux/mm.h>
#include <linux/seq_file.h>
#include <linux/slab.h>
extern unsigned long pfcount;
static int my_proc_show(struct seq_file* m, void* v){
      seq_printf(m, "The pfcount is %ld and jiffies is %ld!\n", pfcount,jiffies);
      return 0;
}
static int my_proc_open(struct inode* inode, struct file* file){
      return single_open(file, my_proc_show, NULL);
}
static struct file_operations my_fops = {
      .owner = THIS_MODULE,
      .open = my_proc_open,
      .release = single_release,
      .read = seq_read,
      .llseek = seq_lseek,
};
static int __init my_init(void){
      struct proc_dir_entry* file = proc_create("readpfcount",0x0644, NULL,
      &my_fops);
      if (!file) {
```

```
            printk("proc_create failed.\n");
            return -ENOMEM;
        }
        return 0;
}
static void __exit my_exit(void){
    remove_proc_entry("readpfcount", NULL);
}
module_init(my_init);
module_exit(my_exit);
MODULE_LICENSE("GPL");
```

编写相应的 Makefile 文件，参考代码如下：

```
ifneq($(KERNELRELEASE),)
obj-m:=readpfcount.o
else
KDIR:=/lib/modules/$(shell uname -r)/bulid
PWD:= $(shell pwd)
default:
$(MAKE) -C $(KDIR) M=$(PWD) modules
clean:
$(MAKE) -C $(KDIR) M=$(PWD) clean
endif
```

（6）编译并加载内核。

```
# make
# insmod readpfcount.ko
```

四、实验结果

内核加载成功后，输入如下命令，测试实验结果，如图 9.5 所示。

```
cat /proc/readpfcount
```

```
The pfcount is 5946463 and jiffies is 4295527220!
```

图 9.5　测试实验结果

五、实验思考

（1）说明本实验中统计缺页次数的原理，并阐述其合理性。

（2）总结实验过程中出现的问题及对应的解决方法。

9.3　实验 9.2：统计一段时间内的缺页次数

一、实验目的

（1）进一步理解虚拟内存管理的原理。

（2）学会观察/proc 中有关虚拟内存的内容。

（3）学会使用相关工具统计一段时间内的缺页次数。

二、实验内容

通过查看/proc/vmstat 的变化来统计一段时间内的缺页次数。

三、实验指导

vmstat 文件是一个用来查看虚拟内存使用状况的工具，其中的内容如下。

```
#cat /proc/vmstat
nr_free_pages 20223354
nr_alloc_batch 899
nr_inactive_anon 393025
nr_active_anon 808058
nr_inactive_file 1639308
nr_active_file 1026244
nr_unevictable 0
nr_mlock 0
nr_anon_pages 33812
nr_mapped 32819
nr_file_pages 3733000
nr_dirty 65
nr_writeback 0
nr_slab_reclaimable 334931
nr_slab_unreclaimable 26922
nr_page_table_pages 7012
nr_kernel_stack 915
nr_unstable 0
nr_bounce 0
nr_vmscan_write 5812807
nr_vmscan_immediate_reclaim 5539
nr_writeback_temp 0
nr_isolated_anon 0
nr_isolated_file 0
nr_shmem 1067448
nr_dirtied 3433782
nr_written 9211885
numa_hit 3168851306
numa_miss 0
numa_foreign 0
numa_interleave 67441
numa_local 3168851306
numa_other 0
workingset_refault 29351
workingset_activate 6715
workingset_nodereclaim 0
nr_anon_transparent_hugepages 195
```

```
nr_free_cma 0
nr_dirty_threshold 4549598
nr_dirty_background_threshold 2274799
pgpgin 36054419              #从启动到现在读入的内存页数
pgpgout 45830912
pswpin 8101573               #从启动到现在读入的交换分区页数
pswpout 5812807
pgalloc_dma 0
pgalloc_dma32 161404306
pgalloc_normal 3979543730
pgalloc_movable 0
pgfree 4161177252            #从启动到现在释放的页数
pgactivate 11895760         #从启动到现在激活的页数
pgdeactivate 12364831       #从启动到现在去激活的页数
pgfault 9456580348          #从启动到现在的二级页面错误数
pgmajfault 1038166          #从启动到现在的一级页面错误数
pgrefill_dma 0
pgrefill_dma32 335375
pgrefill_normal 11804406
pgrefill_movable 0
pgsteal_kswapd_dma 0
pgsteal_kswapd_dma32 0
pgsteal_kswapd_normal 0
pgsteal_kswapd_movable 0
pgsteal_direct_dma 0
pgsteal_direct_dma32 0
pgsteal_direct_normal 0
pgsteal_direct_movable 0
pgscan_kswapd_dma 0          #从启动到现在 kswapd 后台进程扫描的 DMA 存储区页数
pgscan_kswapd_dma32 0
pgscan_kswapd_normal 0       #从启动到现在 kswapd 后台进程扫描的普通存储区页数
pgscan_kswapd_movable 0
pgscan_direct_dma 0          #从启动到现在 DMA 存储区被直接回收的页数
pgscan_direct_dma32 0
pgscan_direct_normal 0       #从启动到现在普通存储区被直接回收的页数
pgscan_direct_movable 0
pgscan_direct_throttle 0
zone_reclaim_failed 0
pginodesteal 0
slabs_scanned 0             #从启动到现在被扫描的切片数
kswapd_inodesteal 0         #从启动到现在由 kswapd 回收并用于其他目的的页数
kswapd_low_wmark_hit_quickly 64
kswapd_high_wmark_hit_quickly 0
pageoutrun 1                #从启动到现在通过 kswapd 调用回收的页数
allocstall 0                #从启动到现在请求直接回收的页数
```

```
pgrotated 5766223
drop_pagecache 0
drop_slab 0
numa_pte_updates 0
numa_huge_pte_updates 0
numa_hint_faults 0
numa_hint_faults_local 0
numa_pages_migrated 0
pgmigrate_success 0
pgmigrate_fail 0
compact_migrate_scanned 0
compact_free_scanned 0
compact_isolated 0
compact_stall 0
compact_fail 0
compact_success 0
htlb_buddy_alloc_success 0
htlb_buddy_alloc_fail 0
unevictable_pgs_culled 0
unevictable_pgs_scanned 0
unevictable_pgs_rescued 0
unevictable_pgs_mlocked 0
unevictable_pgs_munlocked 0
unevictable_pgs_cleared 0
unevictable_pgs_stranded 0
thp_fault_alloc 1662087
thp_fault_fallback 7594
thp_collapse_alloc 1032
thp_collapse_alloc_failed 0
thp_split 1677
thp_zero_page_alloc 1
thp_zero_page_alloc_failed 0
```

可以通过读取其中 pgfault 字段的变化来统计一段时间内的缺页次数。

为此，编写 C 程序文件 pfintr.c，读取/proc/vmstat 中的相关内容，并统计一段时间内的缺页次数，参考代码如下：

```c
#include <signal.h>
#include <sys/time.h>
#include <unistd.h>
#include <stdio.h>
#include <sys/types.h>
#include <sys/stat.h>
#include <fcntl.h>
#define FILENAME "/proc/vmstat"
#define DEFAULTTIME 5
static void sig_handler(int signo);
int get_page_fault(void);
int readfile(char *data);
```

```
int exit_flag=0;
int page_fault;
int main(int argc,char **argv)
{
    struct itimerval v;
    int cacl_time;
    if(signal(SIGALRM,sig_handler) == SIG_ERR){
            printf("Unable to create handler for SIGALRM\n");
            return -1;
        }
    if(argc <= 2)
        page_fault = get_page_fault();
    /*初始化 timer_real*/
    if(argc < 2){
        printf("Use default time!\n");
        cacl_time = DEFAULTTIME;
    }
    else if(argc == 2){
        printf("Use user's time\n");
        cacl_time = atoi(argv[1]);
    }
    else if(argc > 2){
        printf("Usage:mypage [time]\n");
        return 0;
    }
    v.it_interval.tv_sec = cacl_time;    /*设置产生信号的间隔时间，单位为秒*/
    v.it_interval.tv_usec = 0;            /*设置产生信号的间隔时间，单位为微秒*/
    v.it_value.tv_sec = cacl_time;       /*设置第一次产生信号的时间，单位为秒*/
    v.it_value.tv_usec = 0;              /*设置第一次产生信号的时间，单位为微秒*/
    setitimer(ITIMER_REAL,&v,NULL);
    while(!exit_flag) ;
    printf("In %d seconds,system calls %d page fault!\n",cacl_time, page_fault);
    return 0;
}
static void sig_handler(int signo)
{
    if(signo == SIGALRM)
    /*当 ITIMER_REAL 为 0 时，这个信号被发出*/
    {
            page_fault = get_page_fault()-page_fault;
            exit_flag = 1;
    }
}
/*该函数通过调用文件操作函数 readfile()得到当前系统的缺页中断次数*/
int get_page_fault(void){
    char d[50];
    int retval;
```

```
/*读取缺页中断次数*/
retval = readfile(d);
if(retval<0){
    printf("read data from file failed!\n");
    exit(0);
}
printf("Now the number of page fault is %s\n",d);
return atoi(d);
}
/*该函数对/proc/stat 文件中的内容进行读操作，读取指定项的值*/
int readfile(char *data){
    int fd;
    int seekcount = 0;
    int retval = 0;
    int i = 0;
    int count = 0;
    char c,string[50];
    fd = open(FILENAME,O_RDONLY);
    if(fd < 0)
    {
        printf("Open file /proc/stat failed!\n");
        return -1;
    }
    /*查找 vmstat 文件中的关键字 intr */
    do{
        i=0;
        do{
            lseek(fd,seekcount,SEEK_SET);
            retval = read(fd,&c,sizeof(char));
            if(retval < 0)
                {
                    printf("read file error!\n");
                    return retval;
                }
            seekcount += sizeof(char);
            if(c == ' ' || c == '\n')
                {
                    string[i] = 0;
                    break;
                }
            if((c >= '0' && c <= '9') || (c >= 'a' && c <= 'z') || (c>=
            'A' && c <='Z'))
                string[i++] = c;
        }while(1);
    }while(strcmp("pgfault",string));
    printf("find intr!\n");
    /*读取缺页次数*/
```

```
    i=0;
    do{
        lseek(fd,seekcount,SEEK_SET);
        retval = read(fd,&c,sizeof(char));
        if(retval < 0)
        {
            printf("read file error!\n");
            return retval;
        }
        seekcount += sizeof(char);
        if(c == ' ' || c == '\n')
        {
            string[i] = 0;
            i = 0;
            count++;
        }
        if((c >= '0' && c <= '9') || (c >= 'a' && c<= 'z') || (c >= 'A'
        && c<= 'Z'))
            string[i++] = c;
    }while(count != 1);
    close(fd);
    strcpy(data,string);
    return 0;
}
```

四、实验结果

使用 gcc 编译 pfintr.c，假设编译后的可执行文件名为 test，执行 test 文件后，结果如图 9.6 所示。

需要注意的是：为了获得较多的缺页中断，可在执行 test 文件的同时，在另一终端执行一个较大的任务。

```
root@KVD-Standard-PC:/home/lvd# ./test
find intr!
Now the number of page fault is 335079137
Use default time!
find intr!
Now the number of page fault is 335080590
In 5 seconds,system calls 1453 page fault!
root@KVD-Standard-PC:/home/lvd#
```

图 9.6　执行 test 文件后的结果

五、实验思考

（1）如何验证实验结果的准确性？

（2）尝试使用更方便的方法读取/proc/vmstat 中的字段，如使用 Python 编程或 Shell 编程。

（3）总结实验过程中出现的问题及对应的解决方案。

第 10 章
内核模块编写

Linux 内核的模块机制允许开发者动态地向内核中添加功能，例如，文件系统、驱动程序等都可以通过模块机制添加到内核而无须对内核重新编译，这在很大程度上减少了操作的复杂度。模块机制使内核预编译时不必包含很多无关的功能，把内核做到了非常精简的程度，而且后期可以根据需要添加模块。但是针对驱动程序，因为涉及具体的硬件，故很难实现通用，且其中可能包含各个厂商的私密接口，而厂商几乎不会允许开发者把源代码公开，这就和 Linux 内核的"允许开源"相悖。模块机制很好地解决了这一冲突，即允许驱动程序后期再被添加而不必合并到内核中。

10.1 Linux 内核模块介绍

Linux 操作系统的内核是单一体系结构（monolithic kernel）的，即整个内核是一个单独的非常大的程序。这样的操作系统内核把所有的模块都集成在了一起，系统的速度和性能都很好，但是可扩展性和可维护性就相对比较差。

为了改善单一体系结构内核的可扩展性和可维护性，Linux操作系统使用了一种全新的内核模块机制——动态可加载内核模块（loadable kernel module，LKM）。用户可以根据需求，在不需要对内核重新编译的情况下，让模块能动态地装入内核或从内核移出。模块扩展了内核的功能，而无须重启系统。模块不是作为进程执行的，而是像其他静态连接的内核函数一样，在内核态代表当前进程执行。

模块与内核是在同样的地址空间中运行的，因此模块编程在一定意义上也就是内核编程。但并不是内核中所有的功能都可以使用模块来实现。Linux内核中极为重要的一些功能，如进程管理、内存管理等，仍难以通过模块来实现，而必须直接对内核进行修改才能实现。

在 Linux 系统中，经常利用内核模块实现的有文件系统、SCSI 高级驱动程序、大部分的 SCSI 普通驱动程序、多数 CD-ROM 驱动程序、以太网驱动程序等。

10.2 内核模块使用

内核模块必须至少有两个函数：一个是名为 init_module() 的初始化函数，其会在模块被载入内核时被调用；另一个是名为 cleanup_module() 的清理函数，其只会在模块被卸载之前被调用。也就是说，init_module() 和 cleanup_module() 函数分别是在执行 insmod 和 rmmod 命令的时候被调用的，并且 insmod 和 rmmod 命令只识别这两个特殊的函数。但实际上，从 Linux 内核 2.3.13 版本开始，情况就发生了变化，现在用户可以自己定义任何名称来作为模块的开始和结束函数。但是，还是有许多人仍在使用 init_module() 和 cleanup_module() 作为模块的开始和结束函数。通常，init_module() 要么为内核注册一个处理程序，要么用自己的代码替换其中的一个内核函数；cleanup_module() 函数由于能够撤销 init_module() 所做的任何操作，因此可以安全地卸载模块。

最后，每个内核模块都需要包含 linux/module.h。

在使用内核模块时，会用到 Linux 为此开发的一些内核模块操作命令，如 lsmod、insmod、rmmod 等。

- lsmod：用于列出当前已加载的模块。
- insmod：用于加载模块。
- rmmod：用于删除模块。

10.3 实验 10.1：编写一个简单的内核模块

一、实验目的

（1）理解针对 Linux 提出内核模块这种机制的意义。
（2）理解并掌握 Linux 实现内核模块机制的基本技术路线。
（3）运用 Linux 提供的工具和命令，掌握操作内核模块的方法。

内核模块（1）

二、实验内容

本实验是内核模块的演示，旨在帮助读者理解和掌握如何进行内核模块的编写与载入。具体的实验内容是编写一个简单的具备基本要素的内核模块，并编写这个内核模块所需要的 Makefile，最后编译内核并将其载入系统。

三、实验指导

为了完成一个简单的具备基本要素的内核模块，需要执行的具体操作包括内核模块源程序的编写、编译、装载及卸载等。本实验给出的内核模块源代码功能非常简单——

仅在控制台输出"Hello World!"之类的字符串。具体步骤如下。

（1）编写内核模块源代码文件 helloworld.c。

```
#define MODULE
#include<linux/module.h>
int init_module(void){
  printk("<1>Hello World!\n");
  return 0;
}
 void cleanup_module(void){
  printk("<1>Goodbye!\n");
}
MODULE_LICENSE("GPL");
```

（2）编写编译内核模块时要用到的 Makefile 文件。

```
obj-m+=helloworld.o
all:
  make -C /lib/modules/$(shell uname -r)/build/ M=$(PWD) modules
clean:
  make -C /lib/modules/$(shell uname -r)/build/ M=$(PWD) clean
```

（3）编译 helloworld.c。

```
# make
```

编译后得到模块文件 helloworld.ko。

（4）执行内核模块装入命令。

```
# sudo insmod helloworld.ko
```

可以通过 dmesg 命令查看控制台的输出，预期结果为"<1> Hello World!"。

也可以使用 lsmod 命令查看模块信息。lsmod 命令的作用是列出内核中运行的所有模块的信息，包括模块的名称、占用空间的大小、当前状态以及依赖性等。

（5）当不需要使用 helloworld 模块时，就卸载这个模块。

```
# sudo rmmod helloworld
```

可通过 dmesg 命令查看控制台的输出，预期结果为"<1>Goodbye!"。

四、实验结果

（1）执行内核模块装入命令。

```
# sudo insmod helloworld.ko
```

可以通过 dmesg 命令查看控制台输出，如图 10.1 所示。

```
# dmesg
```

图 10.1　通过 dmesg 命令查看模块是否装载成功

这时，可以看到输出结果"<1>Hello World!"，此内容是在 init_module()函数中定义的。

由此说明，helloworld 模块已经被成功装载到了内核中。

也可以使用 lsmod 命令查看模块信息，如图 10.2 所示。

```
# lsmod
```

```
Module              Size  Used by
helloworld         16384  0
kvm_intel         212992  0
kvm               593920  1 kvm_intel
```

图 10.2　通过 lsmod 命令查看模块是否装载成功

可以看到，系统中存在名为 helloworld 的模块，其大小为 16 384 字节。

（2）当不需要使用 helloworld 模块时，可以卸载这个模块。

```
# sudo rmmod helloworld
```

可以通过 dmesg 命令查看控制台的输出，如图 10.3 所示。

```
# dmesg
```

```
2514.432277] <1>Goodbye!
```

图 10.3　通过 dmesg 命令查看模块是否卸载成功

此时，可以看到输出结果 "<1>Goodbye!"，此内容是在 cleanup_module()函数中定义的。由此说明，helloworld 模块已被删除。如果这时候再使用 lsmod 命令，就会发现 helloworld 模块已经不存在了。

五、实验思考

（1）总结并分析实验中出现的问题及对应的解决方法。

（2）如何实现将多个源文件合并到一个内核模块中？

10.4　实验 10.2：利用内核模块实现/proc 文件系统

一、实验目的

（1）掌握利用内核模块（机制）实现较复杂功能的方法。

（2）学习并掌握/proc 文件系统。

内核模块（2）

二、实验内容

利用内核模块在/proc 目录下创建 proc_example 目录，并在该目录下创建三个普通文件（foo、bar、jiffies）和一个文件链接（jiffies_too）。

三、实验指导

/proc 文件系统是一个伪文件系统，它只存在于内存当中，而不占用外存空间。它以文件系统的方式为访问系统内核数据的操作提供接口。用户和应用程序可以通过/proc 获取系统的信息，并且可以改变内核的某些参数。由于系统的信息（如进程信息）是动态变化的，因此用户或应用程序读取/proc 文件时，/proc 文件系统会动态地从系统内核中读取所需的信息并将它们提交给用户或应用程序。

下面是具体的实验步骤。

（1）编写 procfs_example.c 文件。

```c
#include <linux/module.h>
#include <linux/kernel.h>
#include <linux/init.h>
#include <linux/proc_fs.h>
#include <linux/jiffies.h>
#include <linux/sched.h>
#include <linux/uaccess.h>
#include <linux/seq_file.h>
#include <linux/fs.h>
#define MODULE_VERS "1.0"
#define MODULE_NAME "procfs_example"
#define FOOBAR_LEN 8
struct fb_data_t{
    char name[FOOBAR_LEN+1];
    char value[FOOBAR_LEN+1];
};
static struct proc_dir_entry *example_dir, *foo_file, *bar_file, *jiffies_
file, *symlink;
static int major=255;
static int minor=0;
static dev_t devno;
static struct class *tty;
static struct device *tty_device;
struct fb_data_t foo_data, bar_data;
int foo_len,foo_temp,bar_len,bar_temp;
int jiff_temp=-1;
char tempstr[FOOBAR_LEN*2+5];
static int hello_open(struct inode *inode,struct file *filep){
    printk("hello_open\n");
    return 0;
}
static struct file_operations hello_ops={
    .open = hello_open,
};
//===========jiffies 文件操作函数=========
static ssize_t read_jiffies_proc(struct file *filp,char __user *buf,size_t
count,loff_t *offp ){
    printk(KERN_INFO"count=%d  jiff_temp=%d\n", count, jiff_temp);
    char tempstring[100]="";
    if (jiff_temp!=0)
```

```
        jiff_temp=sprintf(tempstring, "jiffies=%ld\n", jiffies);
            //jiffies 为系统启动后所经过的时间戳
    if (count>jiff_temp)
            count=jiff_temp;
    jiff_temp=jiff_temp-count;
    printk(KERN_INFO"count=%d  jiff_temp=%d\n", count, jiff_temp);
    copy_to_user(buf, tempstring, count);
    if (count==0)
            jiff_temp=-1;        //读取结束后，temp 变回-1
    return count;
}
static const struct file_operations jiffies_proc_fops={
    .read=read_jiffies_proc
};
//============foo 文件操作函数==========
static ssize_t read_foo_proc(struct file *filp,char __user *buf,size_t
count,loff_t *offp ) {
    printk(KERN_INFO"count=%d\n", count);
    //调整 count 与 temp 的值，具体过程可通过查看 printk()函数输出的信息来分析
    if (count>foo_temp)
        count=foo_temp;
    foo_temp=foo_temp-count;
    //拼接 tempstr 字符串
    strcpy(tempstr, foo_data.name);
    strcat(tempstr, "='");
    strcat(tempstr, foo_data.value);
    strcat(tempstr, "'\n");
    printk(KERN_INFO"count=%d length(tempstr)=%d\n", count, strlen(tempstr));
    //向用户空间写入 tempstr
    copy_to_user(buf, tempstr, count);
    //如果 count=0，则读取结束，temp 回归为原来的值
    if (count==0)
        foo_temp=foo_len+4;
    return count;
}
static ssize_t write_foo_proc(struct file *filp,const char __user *buf,
size_t count,loff_t *offp ){
    int len;
    if (count>FOOBAR_LEN)
        len=FOOBAR_LEN;
    else
        len=count;
    //将数据写入 foo_data 的 value 字段
    if (copy_from_user(foo_data.value, buf, len))
        return -EFAULT;
    foo_data.value[len-1]='\0';        //减 1 是为了除去输入的回车
```

计算机操作系统实验指导（Linux 版）（附微课视频）

```
        //更新 len 和 temp 的值
        foo_len=strlen(foo_data.name)+strlen(foo_data.value);
        foo_temp=foo_len+4;
        return len;
}
static const struct file_operations foo_proc_fops={
        .read=read_foo_proc,
        .write=write_foo_proc
};
//===============bar 文件操作函数============
static ssize_t read_bar_proc(struct file *filp,char __user *buf,size_t
count,loff_t *offp ) {
        printk(KERN_INFO"count=%d\n", count);
        if (count>bar_temp)
                count=bar_temp;
        bar_temp=bar_temp-count;
        strcpy(tempstr, bar_data.name);
        strcat(tempstr, "='");
        strcat(tempstr, bar_data.value);
        strcat(tempstr, "'\n");
        printk(KERN_INFO"count=%d length(tempstr)=%d\n", count, strlen(tempstr));
        copy_to_user(buf, tempstr, count);
        if (count==0)
                bar_temp=bar_len+4;
        return count;
}
static ssize_t write_bar_proc(struct file *filp,const char __user
*buf,size_t count,loff_t *offp ){
        int len;
        if (count>FOOBAR_LEN)
                len=FOOBAR_LEN;
        else
                len=count;
        if (copy_from_user(bar_data.value, buf, len))
                return -EFAULT;
        bar_data.value[len-1]='\0';
        bar_len=strlen(bar_data.name)+strlen(bar_data.value);
        bar_temp=bar_len+4;
        return len;
}
static const struct file_operations bar_proc_fops={
        .read=read_bar_proc,
        .write=write_bar_proc
};
//===============模块 init 函数============
static int __init init_procfs_example(void){
        int rv=0;
```

```
      //=========创建目录===========
      example_dir=proc_mkdir(MODULE_NAME, NULL);
      if (example_dir==NULL){
            rv=-ENOMEM;
            goto out;
      }
      //======创建jiffies(只读)=====
      jiffies_file=proc_create("jiffies", 0444, example_dir, &jiffies_proc_
      fops);
      if (jiffies_file==NULL){
            rv=-ENOMEM;
            goto no_jiffies;
      }
      //=============创建foo=============
      strcpy(foo_data.name, "foo");
      strcpy(foo_data.value, "foo");
      foo_len=strlen(foo_data.name)+strlen(foo_data.value);
      foo_temp=foo_len+4;      //加4是因为拼接tempstr字符串时多了="\n"这4个字符
      foo_file=proc_create("foo", 0, example_dir, &foo_proc_fops);
      if (foo_file==NULL){
            rv=-ENOMEM;
            goto no_foo;
      }
      //===========创建bar===============
      strcpy(bar_data.name, "bar");
      strcpy(bar_data.value, "bar");
      bar_len=strlen(bar_data.name)+strlen(bar_data.value);
      bar_temp=bar_len+4;
      bar_file=proc_create("bar", 0, example_dir, &bar_proc_fops);
      if (bar_file==NULL){
            rv=-ENOMEM;
            goto no_bar;
      }
      //===========创建symlink=============
      symlink=proc_symlink("jiffies_too", example_dir, "jiffies");
      if (symlink==NULL){
            rv=-ENOMEM;
            goto no_symlink;
      }
      //============all okay================
      printk(KERN_INFO"%s%s initialised\n", MODULE_NAME, MODULE_VERS);
      return 0;
no_symlink:
      remove_proc_entry("jiffies_too", example_dir);
no_bar:
      remove_proc_entry("bar", example_dir);
```

```
no_foo:
    remove_proc_entry("foo", example_dir);
no_jiffies:
    remove_proc_entry("jiffies", example_dir);
out:
    return rv;
}
//=============模块 cleanup 函数=============
static void __exit cleanup_procfs_example(void){
    remove_proc_entry("jiffies_too", example_dir);
    remove_proc_entry("bar", example_dir);
    remove_proc_entry("foo", example_dir);
    remove_proc_entry("jiffies", example_dir);
    remove_proc_entry(MODULE_NAME, NULL);
    printk(KERN_INFO"%s%s removed\n", MODULE_NAME, MODULE_VERS);
}
MODULE_LICENSE("GPL");
module_init(init_procfs_example);
module_exit(cleanup_procfs_example);
MODULE_DESCRIPTION("proc filesystem example");
```

（2）编写 Makefile 文件，示例如下：

```
CONFIG_MODULE_SIG=n
obj-m += procfs_example.o
all:
    make -C /lib/modules/$(shell uname -r)/build/ M=$(PWD) modules
clean:
    make -C /lib/modules/$(shell uname -r)/build/ M=$(PWD) clean
```

（3）编译并将其装入模块，最后卸载模块。

四、实验结果

实验结果就是在/proc 目录下创建了子目录/porcfs_example，并且还在该子目录下创建了 4 个文件——bar、foo、jiffies 和 jiffies_too，读者可以自行查看，并思考这些文件分别是什么类型。读取 bar、foo、jiffies 和 jiffies_too 文件的内容，如图 10.4 所示。

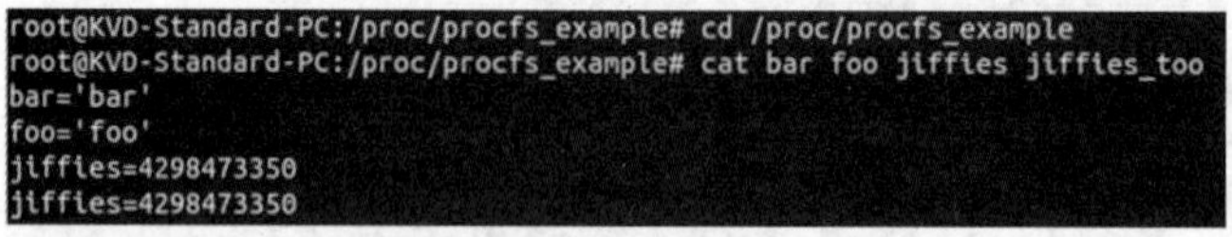

图 10.4　读取 4 个文件的内容

需要注意的是，这 4 个文件均无法写入，因此可以通过 ls -l 命令来查看它们的属性，如图 10.5 所示（jiffies_too 文件虽然有写权限，但是没有所链接的文件）。

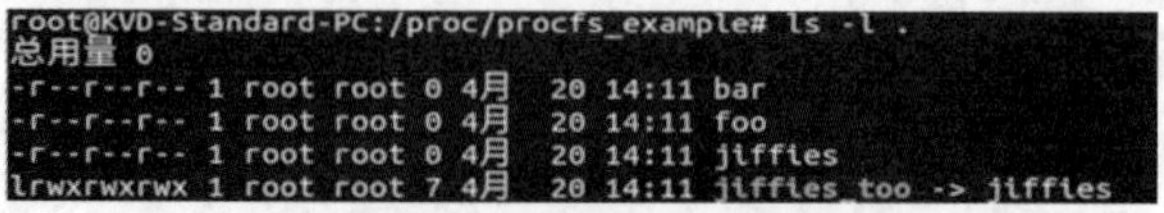

图 10.5　查看文件的属性

当尝试修改 jiffies 文件时，系统将警告 jiffies 文件为只读文件，如图 10.6 所示。

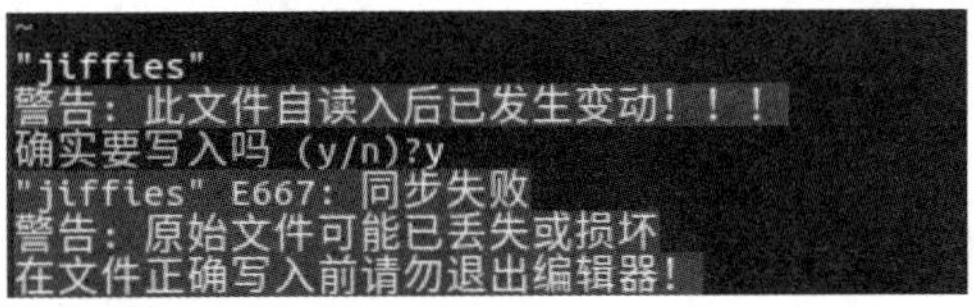

```
~
"jiffies"
警告：此文件自读入后已发生变动！！！
确实要写入吗（y/n)?y
"jiffies" E667：同步失败
警告：原始文件可能已丢失或损坏
在文件正确写入前请勿退出编辑器！
```

图 10.6　尝试修改 jiffies 文件时系统发出的警告

五、实验思考

（1）说明为什么内核源代码中的输出函数选用了 printk()而不是常用的 printf()。

（2）思考 bar、foo、jiffies 和 jiffies_too 文件分别是什么类型，它们是否可以进行读写。

（3）总结并分析实验中出现的问题。

第 11 章
文件系统设计

文件系统是操作系统中最直观的部分，因为用户可以通过文件直接和操作系统交互，操作系统则必须为用户提供数据计算、数据存储等功能。本章首先介绍 Linux 文件系统的组成，然后通过设计一个文件系统来帮助读者掌握 Linux 文件系统的原理及实现。

11.1　Linux 文件系统概述

文件是数据的集合，文件系统不仅包含着文件中的数据，而且包含文件系统的结构。文件系统负责管理外存上的文件，并把对文件的存取、共享和保护以接口的方式提供给操作系统和用户。文件系统不仅方便了用户使用、保证了文件的安全性，而且可以极大地提高系统资源的利用率。因此，文件系统是操作系统最为重要的一部分。

Linux 文件系统的功能非常强大。Linux 支持 minix、ext、ext2/ext3/ext4、VFAT、ResiserFS、NTFS 等十几种文件系统，并且能够实现这些文件系统之间的相互访问。Linux 文件系统与 Windows 文件系统不一样，Linux 文件系统没有驱动器的概念，对应地具有单一的树状结构。Linux 系统中的每个分区就是一个文件系统，它们都有自己的目录层次树。如果想增加一个文件系统，就必须通过装载（mount）命令将其以目录的形式挂接到文件系统层次树中。如果要删除某个文件系统，则可使用卸载（umount）命令来实现。

Linux 在启动时，第一个必须挂载的文件系统是根文件系统；若系统不能从指定设备上挂载根文件系统，则其会出错并退出启动过程。根文件系统挂载成功之后，便可以自动或手动挂载其他文件系统。因此，一个系统中可以同时存在不同的文件系统。在执行挂载时，需要提供文件系统的类型、文件系统以及挂载点。根文件系统在被挂载到根目录"/"之后，根目录下就会出现根文件系统的各个目录和文件，如/bin、/home、/mnt 等。这时可以再将其他分区挂载到指定的目录，如/mnt。这样/mnt 目录下就有了这个分区的各个目录和文件。

需要注意的是，挂载点必须是一个目录。在把一个分区挂载到一个已存在的目录时，如果该目录不为空，那么挂载后该目录下以前的内容将不可用。

Linux文件系统不会考虑系统中有哪些不同的控制器控制着哪些不同的物理介质，以及这些物理介质上有几个不同的文件系统，而会通过内核来隐藏任何单个文件类型的实现细节。每个实际的文件系统都隐藏在虚拟文件系统的软件层之后，且这些文件系统和操作系统是通过虚拟文件系统来通信的。

11.2 虚拟文件系统

虚拟文件系统（virtual file system，VFS）只存在于内存中。VFS在Linux系统启动时建立，并在Linux系统关闭时消亡。读者可以认为VFS是一种机制，通过这种机制，Linux系统可以抽象出所有的文件系统，再将不同的文件系统整合在一起，然后提供统一的API供上层的应用程序使用。VFS的使用体现了Linux文件系统最大的特点——支持多种不同的文件系统。

VFS的实现中大量使用了面向对象的思想。基本上可以这样认为：VFS的实现中所包含的主要内容是一些对象类型（如file、inode、dentry、super block等）的抽象以及针对这些对象的操作函数。

VFS是一个接口层，作用于物理的文件系统和服务，并对Linux支持的不同文件系统进行抽象，这样用户态进程看到的仅仅是相同的文件操作方式。也可以认为VFS有一个通用的文件系统模型，每种物理的文件系统都被映射到这个通用的文件系统模型上。VFS为用户程序提供了一个统一的、抽象的、虚拟的文件系统界面。这个界面主要由一组标准的、抽象的相关文件操作构成，并以系统调用的形式提供给用户程序。

因为VFS支持的文件系统类型是可变的，所以Linux不可能在VFS中保留每种文件系统各自的操作函数，而会通过指向每个文件系统操作函数的指针来实现对不同文件系统的控制。以read()函数为例：每个文件在内核中都有一个对应的文件对象结构体，这个文件对象结构体中所包含的f_op指针指向了具体文件系统的功能函数，其中也包含了read操作。事实上，在用户空间对文件执行的read操作实际对应file->f_op->read()这个间接调用。write()函数的执行过程与read()函数类似。

在VFS的通用文件系统模型中，抽象出来的对象类型主要有超级块super block、索引节点inode、目录项dentry和文件file。需要注意的是，这些对象类型只存在于内存中。

（1）超级块super block：它表示一个文件系统，里面包含管理文件系统所需的信息，比如文件系统名称（如ext2）、文件系统的大小和状态、块设备的引用和元数据信息（如空闲列表等）。超级块通常存储在存储介质上，且当其不存在时，可以实时创建。

（2）索引节点inode：文件系统处理文件所需要的所有信息都保存在索引节点inode中。inode代表的是物理意义上的文件，记录的也是物理意义上的属性，如inode号、文件大小、访问权限、修改日期、数据位置等。索引节点 inode 和文件一一对应，它跟文件内容一样，都会被持久化地存储到磁盘上。

（3）目录项 dentry：用于存储目录的连接信息，可描述文件在逻辑上的属性，但没有对应的磁盘数据结构。目录项 dentry 是由内核维护的一种内存数据结构，它根据字符串形式的路径名现场创建而成，里面记录了文件名、索引节点指针以及这个目录项与其他目录项的关联关系。多个关联的目录项 dentry 即可构成文件系统的目录结构。

（4）文件 file：存放打开的文件与进程之间交互的相关信息。这些信息只有当进程打开文件的时候才存在于内核空间中。

super block、inode、file 对象结构体的定义参见 Linux 内核源代码文件 include/linux/fs.h，dentry 对象结构体的定义参见内核源代码文件 include/linux/dcache.h。

文件系统是静态存在的，如果没有进程的参与，文件系统是没有意义的。Linux 系统的每个进程都是通过 task_struct 结构体来描述的，在这个结构体中，有两个成员变量与文件系统相关，分别是 struct fs_struct *fs 和 struct files_struct *files。其中，fs_struct 用来描述进程工作的文件系统的信息，包括根目录和当前工作目录的 dentry，挂载在这两个目录下的文件系统信息，以及使用 umask 命令设定的文件权限掩码。files_struct 用来描述当前进程打开的文件的内容。这两个成员结构体的定义参见内核源代码文件 include/linux/file.h。

11.3　ext2 文件系统

Linux 系统最早采用的文件系统是 minix，该文件系统由 MINIX 操作系统定义。minix 文件系统有一定的局限性，如文件名最长为 14 个字符、文件最大为 64 MB。第一个专门为 Linux 系统设计的文件系统是扩展文件系统（extended file system），通常被简称为 ext 文件系统。ext 文件系统发展至今，衍生出许多新版本，其中第 2 版扩展文件系统（ext2 文件系统）的设计最为成功，它很好地继承了 UNIX 文件系统的主要特色，如普通文件的三级索引结构、目录文件的树状结构以及将设备作为特殊文件对待等。

ext2 文件系统功能强大、易于扩充，它是所有 Linux 系统都会安装的标准文件系统模型。需要注意的是，11.2 节介绍的 VFS 只存在于内存中，而 ext2 文件系统是物理文件系统，存在于硬盘上，因此读者需要了解一下硬盘分区等知识。图 11.1 是文件系统在硬盘上存放的示意图，供读者参考。

ext2 文件系统将自身占用的逻辑分区划分成块组（block group），每个块组的结构如图 11.2 所示。

通常，一个文件在磁盘中除了存储文件的实际数据之外，还需要存储很多信息，如文件权限与文件属性（如所有者、群组、时间参数等）。文件系统通常会将这两部分数据放在不同的块组中，其中，权限和属性放在索引节点（inode）中，实际数据则放在数据块（block）中。另外，超级块（super block）会记录文件系统的整体信息，包括 inode 与 block 的总量、使用量、剩余量等。

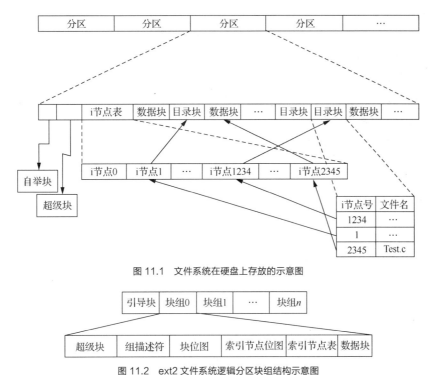

图 11.1　文件系统在硬盘上存放的示意图

图 11.2　ext2 文件系统逻辑分区块组结构示意图

在文件系统的整体规划中，文件系统的最前端有一个启动扇区（boot sector），在这个启动扇区中可以安装引导装载程序，这样就能够将不同的引导装载程序安装到个别文件系统的最前端，而不用覆盖整块硬盘唯一的主引导记录（master boot record，MBR）扇区，进而实现多重引导环境。

同时，为了方便管理，ext2 文件系统在格式化的时候已基本上被区分为多个块组，每个块组都有独立的 inode/block/super block 系统。该系统包括 6 个组成部分：超级块、组描述符、块位图、索引节点位图、索引节点表和数据块。

ext2 文件系统的相关代码存放在 Linux 内核源代码的 fs/ext2 目录下。include/linux/ext2_fs.h、ext2_fs_i.h 和 ext2_fs_sb.h 中也有 ext2 文件系统重要数据结构的定义。

11.4　实验 11：设计一个简单的文件系统

一、实验目的

（1）深入理解 Linux 文件系统的原理。

（2）学习并理解 Linux 的 VFS 文件系统管理技术。

（3）学习并理解 Linux 的 ext2 文件系统实现技术。

（4）设计并实现一个简单的类 ext2 文件系统。

文件系统设计

二、实验内容

设计并实现一个类似于 ext2 但能够对磁盘上的数据块进行加密的文件系统 myext2。本实验的主要内容如下。

（1）添加一个类似于 ext2 的文件系统 myext2。

（2）修改 myext2 文件系统的 magic number。

（3）修改文件系统操作。

（4）添加文件系统创建工具。

对于 myext2 文件系统，要求如下：

（1）myext2 文件系统的物理格式定义与 ext2 文件系统基本一致，但 myext2 文件系统的 magic number 是 0x6666，而 ext2 文件系统的 magic number 是 0xEF53。

（2）myext2 文件系统是 ext2 文件系统的定制版本，前者不但支持 ext2 文件系统的部分操作，而且添加了文件系统创建工具。

三、实验指导

下面的操作步骤以 4.16.10 版本的 Linux 内核为例，其他版本的 Linux 内核在操作上可能会有所区别。为了执行下面的操作，用户需要具有 root 权限。

1. 添加一个类似于 ext2 的文件系统 myext2

为了添加一个类似于 ext2 的文件系统 myext2，首先需要确定实现 ext2 文件系统的内核源代码由哪些文件组成。Linux 源代码结构很清楚地告诉我们：fs/ext2 目录下的所有文件都属于 ext2 文件系统。检查一下这些文件中所包含的头文件，可以初步总结出 Linux 源代码中属于 ext2 文件系统的文件有：

```
fs/ext2/acl.c
fs/ext2/acl.h
fs/ext2/balloc.c
fs/ext2/bitmap.c
fs/ext2/dir.c
fs/ext2/ext2.h
fs/ext2/file.c
...
```

（1）复制源代码。

在分析完 ext2 文件系统由哪些文件组成之后，下面开始进行实际的复制操作。第一个步骤是通过复制源代码，添加 myext2 文件系统的源代码到 Linux 源代码。具体操作为把 ext2 文件系统的源代码复制到 myext2 文件系统中，即复制一份以上所列的 ext2 源代码文件给 myext2 文件系统用。按照 Linux 源代码的组织结构，把 myext2 文件系统的源代码存放到 fs/myext2 下，头文件则存放到 include/linux 下。在 Linux Shell 下，可以执行如下操作：

```
#cd /usr/src/linux   /*内核源代码目录，假设内核源代码被解压到主目录的 linux 子目录下*/
#cd fs
#cp - R ext2 myext2
#cd /usr/src/linux/fs/myext2
#mv ext2.h myext2.h
#cd /lib/modules/$(uname -r)/build/include/linux
#cp ext2_fs.h myext2_fs.h
#cd /lib/modules/$(uname -r)/build/include/asm-generic/bitops
#cp ext2-atomic.h myext2-atomic.h
#cp ext2-atomic-setbit.h myext2-atomic-setbit.h
```

这样就完成了复制文件系统工作的第一步——复制源代码。对于复制文件系统来说，这当然还远远不够，因为文件里面的数据结构名、函数名以及相关的一些宏等内容还没有根据 myext2 文件系统改掉，所以现在该文件连编译都通不过。

（2）修改文件的内容。

为了使复制的源代码可以正确编译，下面开始进行复制文件系统工作的第二步——修改上面添加的文件的内容。为了简单起见，我们做了如下替换：将原来的 EXT2 替换成 MYEXT2，并将原来的 ext2 替换成 myext2。

对于 fs/myext2 目录下文件中字符串的替换，可以使用下面的脚本：

```bash
#!/bin/bash
SCRIPT=substitute.sh
for f in *
do
if [ $f = $SCRIPT ]
then
        echo "skip $f"
        continue
    fi
    echo -n "substitute ext2 to myext2 in $f..."
    cat $f | sed 's/ext2/myext2/g' > ${f}_tmp
    mv ${f}_tmp $f
    echo "done"
    echo -n "substitute EXT2 to MYEXT2 in $f..."
    cat $f | sed 's/EXT2/MYEXT2/g' > ${f}_tmp
    mv ${f}_tmp $f
    echo "done"
done
```

把上面这个脚本命名为 substitute.sh，放在 fs/myext2 目录下，加上可执行权限，运行之后即可把当前目录下所有文件里面的 ext2 和 EXT2 都替换成对应的 myext2 和 MYEXT2。

特别提示：

➢ 不要复制 Word 文档中的 substitute.sh 脚本，在 Linux 环境下应将其重新输入一遍，且 substitute.sh 脚本程序只能运行一次。Ubuntu 环境：sudo bash substitute.sh。

➢ 先删除 fs/myext2 目录下的 *.o 文件，再运行脚本程序。

> ➤ 在替换或修改内核代码时，可以使用 gedit 编辑器，但要注意大小写。

使用编辑器的替换功能，把/lib/modules/$(uname -r)/build/include/linux/myext2_fs.h 以及/lib/modules/$(uname-r)/build/include/asm-generic/bitops/ 下的 myext2-atomic.h 和 myext2-atomic-setbit.h 文件中的 ext2、EXT2 分别替换成 myext2、MYEXT2，同时进行如下修改。

- 在/lib/modules/$(uname -r)/build/include/asm-generic/bitops.h 文件中添加：

```
#include <asm-generic/bitops/myext2-atomic.h>
```

- 在/lib/modules/$(uname -r)/build/arch/x86/include/asm/bitops.h 文件中添加：

```
#include <asm-generic/bitops/myext2-atomic-setbit.h>
```

- 在/lib/modules/$(uname -r)/build/include/uapi/linux/magic.h 文件中添加：

```
#define MYEXT2_SUPER_MAGIC 0xEF53
```

修改源代码的工作到此结束。

（3）把 myext2 编译成内核模块。

接下来要做的第三步工作是把 myext2 编译成内核模块。为了编译内核模块，首先要生成一个 Makefile 文件。我们可以修改 myext2/Makefile 文件，修改后的 Makefile 文件如下：

```
#Makefile for the linux myext2-filesystem routines
obj-m := myext2.o
myext2-y := balloc.o dir.o file.o ialloc.o inode.o \
     ioctl.o namei.o super.o symlink.o
KDIR := /lib/modules/$(shell uname -r)/build
PWD := $(shell pwd)
default:
     make -C $(KDIR) M=$(PWD) modules
```

编译内核模块的命令是 make，在 myext2 目录下执行以下命令：

```
#make
```

编译好内核模块后，使用 insmod 命令加载文件系统：

```
#insmod myext2.ko
```

最后查看一下 myext2 文件系统是否加载成功：

```
#cat /proc/filesystems |grep myext2
```

（4）对 myext2 文件系统进行测试。

确认 myext2 文件系统加载成功后，就可以对添加的 myext2 文件系统进行测试了。首先输入命令 cd，把当前目录设置成主目录。

然后对添加的 myext2 文件系统进行测试，命令如下：

```
#dd if=/dev/zero of=myfs bs=1M count=1
#/sbin/mkfs.ext2 myfs
#mount -t myext2 -o loop ./myfs /mnt
#mount
#umount /mnt
#mount -t ext2 -o loop ./myfs /mnt
#mount
```

```
#umount /mnt
#rmmod myext2  /*卸载模块*/
```

2. 修改 myext2 文件系统的 magic number

在步骤 1 的基础上，找到 myext2 文件系统的 magic number，并将其值改为 0x6666。在 4.16.10 版本的 Linux 内核中，该值在 include/uapi/ linux/magic.h 文件中。

文件系统修改

```
- #define MYEXT2_SUPER_MAGIC 0xEF53
+ #define MYEXT2_SUPER_MAGIC 0x6666
```

修改完之后，使用 make 命令重新编译内核模块，然后使用 insmod 命令安装编译好的 myext2.ko 内核模块。

在测试之前，需要编写程序 changeMN.c 来修改创建的 myfs 文件系统的 magic number，使其与内核中记录的 myext2 文件系统的 magic number 相匹配，只有这样 myfs 文件系统才能被正确加载。

changeMN.c 中的代码参考如下：

```c
#include <stdio.h>
main()
{
    int ret;
    FILE *fp_read;
    FILE *fp_write;
    unsigned char buf[2048];
    fp_read=fopen("./myfs","rb");
    if(fp_read == NULL)
    {
        printf("open myfs failed!\n");
        return 1;
    }
    fp_write=fopen("./fs.new","wb");
    if(fp_write==NULL)
    {
        printf("open fs.new failed!\n");
        return 2;
    }
    ret=fread(buf,sizeof(unsigned char),2048,fp_read);
    printf("previous magic number is 0x%x%x\n",buf[0x438],buf[0x439]);
    buf[0x438]=0x66;
    buf[0x439]=0x66;
    fwrite(buf,sizeof(unsigned char),2048,fp_write);
    printf("current magic number is 0x%x%x\n",buf[0x438],buf[0x439]);
    while(ret == 2048)
    {
        ret=fread(buf,sizeof(unsigned char),2048,fp_read);
        fwrite(buf,sizeof(unsigned char),ret,fp_write);
    }
```

计算机操作系统实验指导（Linux 版）（附微课视频）

```
        if(ret < 2048 && feof(fp_read))
        {
                printf("change magic number ok!\n");
        }
        fclose(fp_read);
        fclose(fp_write);
        return 0;
}
```

对 changeMN.c 进行编译后，将产生名为 changeMN 的可执行程序。

```
#gcc -o changeMN changeMN.c
```

对修改 magic number 后的 myext2 文件系统进行测试，命令如下：

```
#dd if=/dev/zero of=myfs bs=1M count=1
#/sbin/mkfs.ext2 myfs
#./changeMN myfs
#mount -t myext2 -o loop ./fs.new /mnt
#mount
#sudo umount /mnt
#sudo mount -t ext2 -o loop ./fs.new /mnt
# rmmod myext2
```

3. 修改文件系统操作

myext2 只是一个实验性质的文件系统，我们希望它只要能够支持简单的文件操作即可。因此在搭建完成 myext2 文件系统的总体框架以后，下面来修改 myext2 文件系统所支持的一些操作，以加深读者对文件系统操作的理解。我们以裁剪 myext2 文件系统的 mknod 操作为例，说明一下具体的实现流程。

Linux 将所有的对块设备、字符设备和命名管道的操作，都看成对文件的操作。mknod 操作用来产生块设备、字符设备和命名管道所对应的节点文件。在 ext2 文件系统中，mknod 操作的实现函数如下：

```
fs/ext2/namei.c, line 141
static int ext2_mknod (struct inode * dir, struct dentry *dentry, int mode,
dev_t rdev)
{
        struct inode * inode;
        int err;
        if (!new_valid_dev(rdev))
                return -EINVAL;
        inode = ext2_new_inode (dir, mode);
        err = PTR_ERR(inode);
        if (!IS_ERR(inode)) {
                init_special_inode(inode, inode->i_mode, rdev);
#ifdef CONFIG_EXT2_FS_XATTR
                inode->i_op = &ext2_special_inode_operations;
#endif
                mark_inode_dirty(inode);
                err = ext2_add_nondir(dentry, inode);
```

```
        }
        return err;
}
```

ext2_mknod()函数定义在结构体 ext2_dir_inode_operations 中：

```
fs/ext2/namei.c, line 428
struct inode_operations ext2_dir_inode_operations = {
        .create         = ext2_create,
        .lookup         = ext2_lookup,
        .link           = ext2_link,
        .unlink         = ext2_unlink,
        .symlink        = ext2_symlink,
        .mkdir          = ext2_mkdir,
        .rmdir          = ext2_rmdir,
        .mknod          = ext2_mknod,
        .rename         = ext2_rename,
#ifdef CONFIG_EXT2_FS_XATTR
        .setxattr       = generic_setxattr,
        .getxattr       = generic_getxattr,
        .listxattr      = ext2_listxattr,
        .removexattr    = generic_removexattr,
#endif
        .setattr        = ext2_setattr,
        .permission     = ext2_permission,
};
```

当然，从 ext2 文件系统复制过去的 myext2 文件系统中的 myext2_mknod()和 myext2_dir_inode_operations()与上面的程序是一样的。对于myext2_mknod()函数，在myext2 文件系统中进行如下修改：

```
fs/myext2/namei.c
static int myext2_mknod (struct inode * dir, struct dentry *dentry, int mode,
int rdev){
    printk(KERN_ERR "haha, mknod is not supported by myext2! you've been
    cheated!\n");
    return -EPERM;
    //将其他代码注释掉
    /*
        … //其他代码
    */
}
```

在上述修改后的程序中，第一行打印信息，指明 mknod 操作不被支持；第二行将错误号为 EPERM 的结果返回给 Shell，目的是告诉 Shell，在 myext2 文件系统中 mknod 操作不被支持；最后，myext2_mknod()函数原来的代码被注释掉了。因此，完成修改后，原来 myext2_mknod()函数的功能被删除了，取而代之的是输出不支持 mknod 操作的提示信息。

修改完毕后，先使用 make 命令重新编译内核模块，再使用 insmod 命令安装编译好的

myext2.ko 内核模块。在 Shell 中执行如下测试程序：

```
1   #mount -t myext2 -o loop ./fs.new /mnt
2   #cd /mnt
3   #mknod myfifo p
4   mknod: 'myfifo': Operation not permitted
```

程序说明如下。

第 1 行：将 fs.new 加载到/mnt 目录下。

第 2 行：进入/mnt 目录，即进入 fs.new 这个 myext2 文件系统。

第 3 行：创建一个名为 myfifo 的命名管道。

第 4 行：本行为执行结果，也正是我们删除了 myext2_mknod()函数中的操作而将错误号 EPERM 返回给 Shell 的结果。需要注意的是，如果是在图形用户界面下使用虚拟控制台，那么 printk 打印出来的信息不一定能在终端显示出来，但可以通过命令 dmesg|tail 进行 查看。

4．添加文件系统创建工具

文件系统的创建对于文件系统来说是首等重要的，因为如果连文件系统都不存在的话，那么所有的文件系统操作都是空操作，即无用操作。

其实，前面在测试实验结果的时候，已经陆陆续续地讲到了如何创建 myext2 文件系统。接下来所做工作的主要目的就是将这些内容总结一下，并制作出一个更快捷方便的 myext2 文件系统的创建工具：mkfs.myext2（名称上与 mkfs.ext2 保持一致）。

首先需要确定的是程序的输入和输出。为了灵活和方便，这里的输入是一个文件，这个文件的大小就是 myext2 文件系统的大小；输出则是带了 myext2 文件系统的文件。

Shell 示例程序如下：

```
1   #!/bin/bash
2   /sbin/losetup -d /dev/loop2
3   /sbin/losetup /dev/loop2 $1
4   /sbin/mkfs.ext2 /dev/loop2
5   dd if=/dev/loop2 of=./tmpfs bs=1k count=2
6   ./changeMN $1 ./tmpfs
7   dd if=./fs.new of=/dev/loop2
8   /sbin/losetup -d /dev/loop2
9   rm -f ./tmpfs
```

程序说明如下。

第 1 行：表明是 Shell 程序。

第 2 行：如果有程序用了/dev/loop2，就将其卸载。

第 3 行：使用 losetup 将第一个参数代表的文件装到/dev/loop2 上。

第 4 行：使用 mkfs.ext2 格式化/dev/loop2，即使用 ext2 文件系统格式化新文件系统。

第 5 行：将文件系统的头 2KB 内容取出来，复制到临时文件 tmpfs 中。

第 6 行：调用程序 changeMN，读取 tmpfs 文件中的内容并将其复制到 fs.new 文件系统中，同时将 fs.new 文件系统的 magic number 改成 0x6666。

第 7 行：将被修改的 2KB 内容再写回去。

第 8 行：从/dev/loop2 上卸载文件系统。

第 9 行：将临时文件 tmpfs 删除。

编译完之后，进行如下测试：

```
# dd if=/dev/zero of=myfs bs=1M count=1
# chmod +x mkfs.myext2
# ./mkfs.myext2 myfs  (或 sudo bash mkfs.myext2 myfs )
# sudo mount -t myext2 -o loop ./myfs  /mnt
# mount
```

四、实验结果

1．添加一个类似于 ext2 的文件系统 myext2

（1）复制源代码。

把 ext2 文件系统的源代码复制到 myext2 文件系统中，按照 Linux 源代码的组织结构，再把 myext2 文件系统的源代码存放到 fs/myext2 下，把头文件存放到 include/linux 下。为此，执行如下操作。

```
#cd /usr/src/linux   /*内核源代码目录，假设内核源代码被解压到主目录的 linux 子目录下*/
#cd fs
#cp -R ext2 myext2
#cd /usr/src/linux/fs/myext2
#mv ext2.h myext2.h
#cd /lib/modules/$(uname -r)/build/include/linux
#cp ext2_fs.h myext2_fs.h
#cd /lib/modules/$(uname -r)/build/include/asm-generic/bitops
#cp ext2-atomic.h myext2-atomic.h
#cp ext2-atomic-setbit.h myext2-atomic-setbit.h
```

以上命令执行后没有输出结果。源代码复制完成后，读者可以自行检查是否正确完成了的复制工作。

（2）修改文件的内容。

将原来的 EXT2 替换成 MYEXT2，将原来的 ext2 替换成 myext2，并给 substitute.sh 脚本加上可执行权限后执行，相关命令如下，执行结果如图 11.3 所示。

```
# chmod +x substitute.sh
# bash substitute.sh
```

使用编辑器的替换功能，把/lib/modules/$(uname -r)/build/include/linux/myext2_fs.h 以及/lib/modules/$(uname-r)/build/include/asm-generic/bitops/下的 myext2-atomic.h 和 myext2-atomic-setbit.h 文件中的 ext2、EXT2 分别替换成 myext2、MYEXT2。当然，也可以使用 vim 进行修改（替换），图 11.4 使用 vim 修改了 myext2_fs.h 文件。

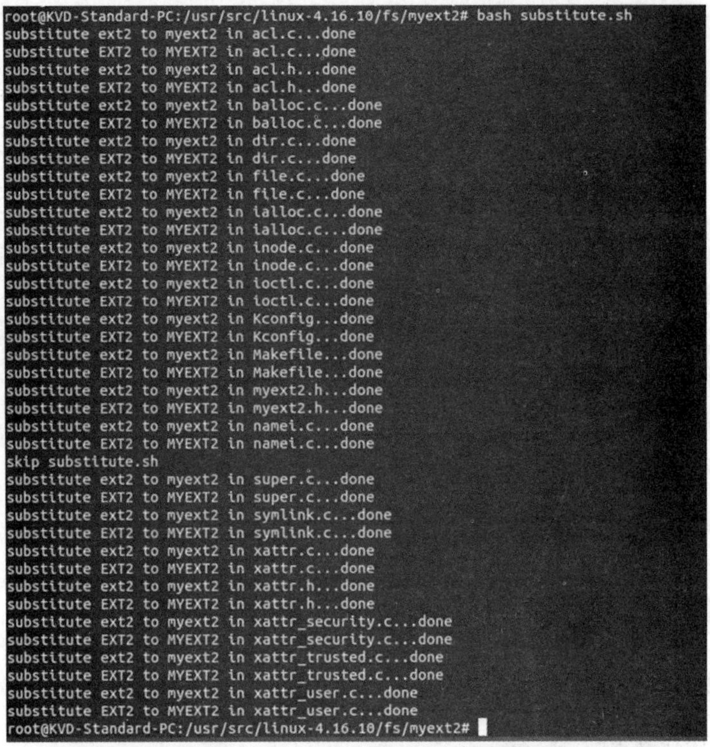

```
root@KVD-Standard-PC:/usr/src/linux-4.16.10/fs/myext2# bash substitute.sh
substitute ext2 to myext2 in acl.c...done
substitute EXT2 to MYEXT2 in acl.c...done
substitute ext2 to myext2 in acl.h...done
substitute EXT2 to MYEXT2 in acl.h...done
substitute ext2 to myext2 in balloc.c...done
substitute EXT2 to MYEXT2 in balloc.c...done
substitute ext2 to myext2 in dir.c...done
substitute EXT2 to MYEXT2 in dir.c...done
substitute ext2 to myext2 in file.c...done
substitute EXT2 to MYEXT2 in file.c...done
substitute ext2 to myext2 in ialloc.c...done
substitute EXT2 to MYEXT2 in ialloc.c...done
substitute ext2 to myext2 in inode.c...done
substitute EXT2 to MYEXT2 in inode.c...done
substitute ext2 to myext2 in ioctl.c...done
substitute EXT2 to MYEXT2 in ioctl.c...done
substitute ext2 to myext2 in Kconfig...done
substitute EXT2 to MYEXT2 in Kconfig...done
substitute ext2 to myext2 in Makefile...done
substitute EXT2 to MYEXT2 in Makefile...done
substitute ext2 to myext2 in myext2.h...done
substitute EXT2 to MYEXT2 in myext2.h...done
substitute ext2 to myext2 in namei.c...done
substitute EXT2 to MYEXT2 in namei.c...done
skip substitute.sh
substitute ext2 to myext2 in super.c...done
substitute EXT2 to MYEXT2 in super.c...done
substitute ext2 to myext2 in symlink.c...done
substitute EXT2 to MYEXT2 in symlink.c...done
substitute ext2 to myext2 in xattr.c...done
substitute EXT2 to MYEXT2 in xattr.c...done
substitute ext2 to myext2 in xattr.h...done
substitute EXT2 to MYEXT2 in xattr.h...done
substitute ext2 to myext2 in xattr_security.c...done
substitute EXT2 to MYEXT2 in xattr_security.c...done
substitute ext2 to myext2 in xattr_trusted.c...done
substitute EXT2 to MYEXT2 in xattr_trusted.c...done
substitute ext2 to myext2 in xattr_user.c...done
substitute EXT2 to MYEXT2 in xattr_user.c...done
root@KVD-Standard-PC:/usr/src/linux-4.16.10/fs/myext2#
```

图 11.3　脚本 substitute.sh 的执行结果

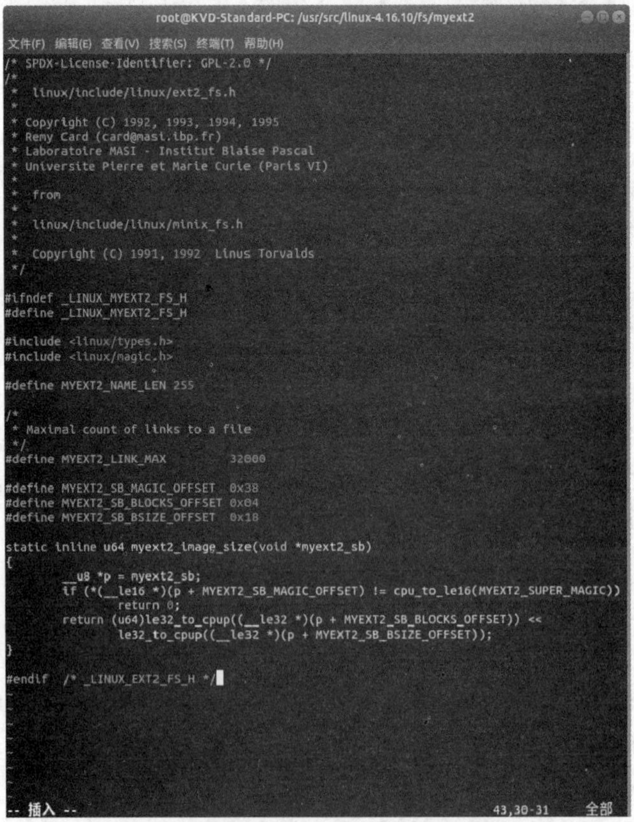

```
root@KVD-Standard-PC: /usr/src/linux-4.16.10/fs/myext2
文件(F) 编辑(E) 查看(V) 搜索(S) 终端(T) 帮助(H)
/* SPDX-License-Identifier: GPL-2.0 */
/*
 *  linux/include/linux/ext2_fs.h
 *
 * Copyright (C) 1992, 1993, 1994, 1995
 * Remy Card (card@masi.ibp.fr)
 * Laboratoire MASI - Institut Blaise Pascal
 * Universite Pierre et Marie Curie (Paris VI)
 *
 *  from
 *
 *  linux/include/linux/minix_fs.h
 *
 *  Copyright (C) 1991, 1992  Linus Torvalds
 */

#ifndef _LINUX_MYEXT2_FS_H
#define _LINUX_MYEXT2_FS_H

#include <linux/types.h>
#include <linux/magic.h>

#define MYEXT2_NAME_LEN 255

/*
 * Maximal count of links to a file
 */
#define MYEXT2_LINK_MAX         32000

#define MYEXT2_SB_MAGIC_OFFSET  0x38
#define MYEXT2_SB_BLOCKS_OFFSET 0x04
#define MYEXT2_SB_BSIZE_OFFSET  0x18

static inline u64 myext2_image_size(void *myext2_sb)
{
        __u8 *p = myext2_sb;
        if (*(__le16 *)(p + MYEXT2_SB_MAGIC_OFFSET) != cpu_to_le16(MYEXT2_SUPER_MAGIC))
                return 0;
        return (u64)le32_to_cpup((__le32 *)(p + MYEXT2_SB_BLOCKS_OFFSET)) <<
                le32_to_cpup((__le32 *)(p + MYEXT2_SB_BSIZE_OFFSET));
}

#endif  /* _LINUX_EXT2_FS_H */
~
~
~
~
~
~
~
~
-- 插入 --                                              43,30-31      全部
```

图 11.4　使用 vim 修改 myext2_fs.h 文件

同时进行如下修改（修改方法同样是使用编辑器修改文件）。

- 在/lib/modules/$(uname -r)/build/include/asm-generic/bitops.h 文件中添加：

```
#include <asm-generic/bitops/myext2-atomic.h>
```

- 在/lib/modules/$(uname -r)/build/arch/x86/include/asm/bitops.h 文件中添加：

```
#include <asm-generic/bitops/myext2-atomic-setbit.h>
```

- 在/lib/modules/$(uname -r)/build/include/uapi/linux/magic.h 文件中添加：

```
#define MYEXT2_SUPER_MAGIC 0xEF53
```

例如，图 11.5 修改了 bitop.h 文件，即增加了语句#include <asm-generic/bitops/myext2-atomic.h>。

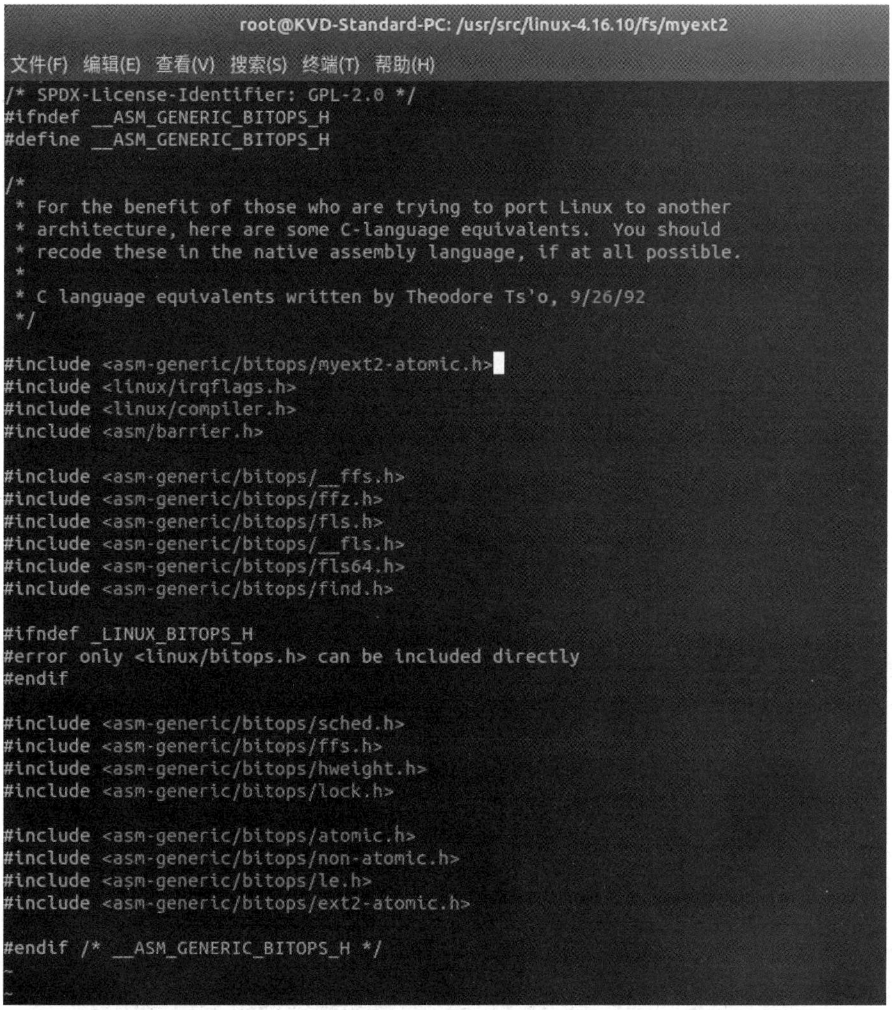

```
root@KVD-Standard-PC: /usr/src/linux-4.16.10/fs/myext2
文件(F) 编辑(E) 查看(V) 搜索(S) 终端(T) 帮助(H)
/* SPDX-License-Identifier: GPL-2.0 */
#ifndef __ASM_GENERIC_BITOPS_H
#define __ASM_GENERIC_BITOPS_H

/*
 * For the benefit of those who are trying to port Linux to another
 * architecture, here are some C-language equivalents.  You should
 * recode these in the native assembly language, if at all possible.
 *
 * C language equivalents written by Theodore Ts'o, 9/26/92
 */

#include <asm-generic/bitops/myext2-atomic.h>
#include <linux/irqflags.h>
#include <linux/compiler.h>
#include <asm/barrier.h>

#include <asm-generic/bitops/__ffs.h>
#include <asm-generic/bitops/ffz.h>
#include <asm-generic/bitops/fls.h>
#include <asm-generic/bitops/__fls.h>
#include <asm-generic/bitops/fls64.h>
#include <asm-generic/bitops/find.h>

#ifndef _LINUX_BITOPS_H
#error only <linux/bitops.h> can be included directly
#endif

#include <asm-generic/bitops/sched.h>
#include <asm-generic/bitops/ffs.h>
#include <asm-generic/bitops/hweight.h>
#include <asm-generic/bitops/lock.h>

#include <asm-generic/bitops/atomic.h>
#include <asm-generic/bitops/non-atomic.h>
#include <asm-generic/bitops/le.h>
#include <asm-generic/bitops/ext2-atomic.h>

#endif /* __ASM_GENERIC_BITOPS_H */
~
~
```

图 11.5　修改 bitop.h 文件

（3）把 myext2 编译成内核模块。

编写 Makefile 文件并进行编译，编译结果如图 11.6 所示。

```
#make
```

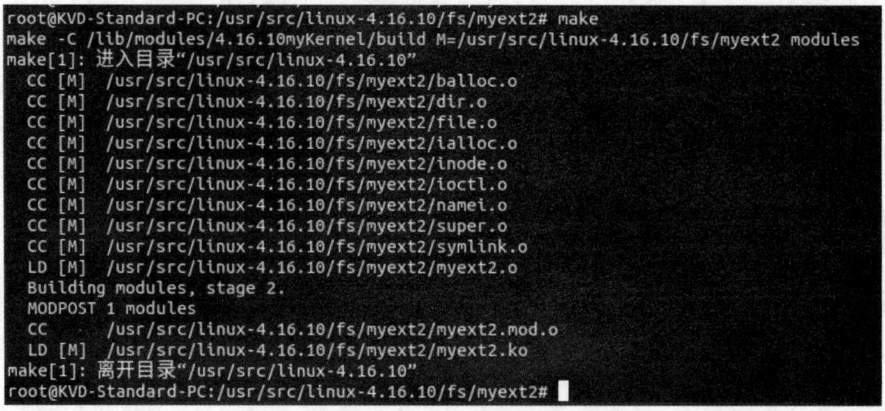

```
root@KVD-Standard-PC:/usr/src/linux-4.16.10/fs/myext2# make
make -C /lib/modules/4.16.10myKernel/build M=/usr/src/linux-4.16.10/fs/myext2 modules
make[1]: 进入目录"/usr/src/linux-4.16.10"
  CC [M]  /usr/src/linux-4.16.10/fs/myext2/balloc.o
  CC [M]  /usr/src/linux-4.16.10/fs/myext2/dir.o
  CC [M]  /usr/src/linux-4.16.10/fs/myext2/file.o
  CC [M]  /usr/src/linux-4.16.10/fs/myext2/ialloc.o
  CC [M]  /usr/src/linux-4.16.10/fs/myext2/inode.o
  CC [M]  /usr/src/linux-4.16.10/fs/myext2/ioctl.o
  CC [M]  /usr/src/linux-4.16.10/fs/myext2/namei.o
  CC [M]  /usr/src/linux-4.16.10/fs/myext2/super.o
  CC [M]  /usr/src/linux-4.16.10/fs/myext2/symlink.o
  LD [M]  /usr/src/linux-4.16.10/fs/myext2/myext2.o
  Building modules, stage 2.
  MODPOST 1 modules
  CC      /usr/src/linux-4.16.10/fs/myext2/myext2.mod.o
  LD [M]  /usr/src/linux-4.16.10/fs/myext2/myext2.ko
make[1]: 离开目录"/usr/src/linux-4.16.10"
root@KVD-Standard-PC:/usr/src/linux-4.16.10/fs/myext2#
```

图 11.6　将 myext2 编译成内核模块

编译好内核模块后，使用 insmod 命令加载文件系统，并查看 myext2 文件系统是否加载成功。如果加载成功，则/proc/filesystems 目录中将包含该文件系统，如图 11.7 所示。

```
#insmod myext2.ko
#cat /proc/filesystems |grep myext2
```

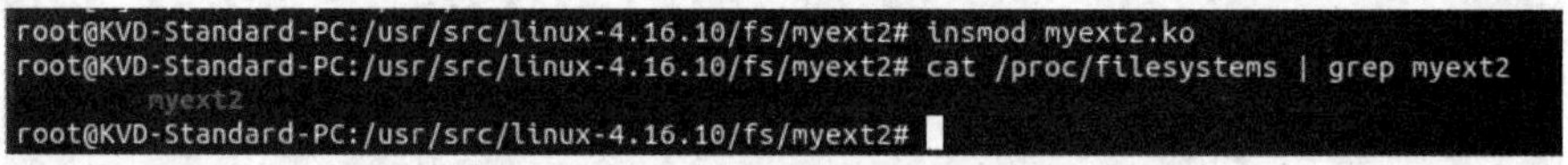

```
root@KVD-Standard-PC:/usr/src/linux-4.16.10/fs/myext2# insmod myext2.ko
root@KVD-Standard-PC:/usr/src/linux-4.16.10/fs/myext2# cat /proc/filesystems | grep myext2
        myext2
root@KVD-Standard-PC:/usr/src/linux-4.16.10/fs/myext2#
```

图 11.7　加载并查看文件系统

（4）对 myext2 文件系统进行测试。

确认 myext2 文件系统加载成功后，就可以对加载的 myext2 文件系统进行测试了。首先输入命令 cd，把当前目录设置成主目录。然后对添加的 myext2 文件系统进行测试，命令如下。

```
#dd if=/dev/zero of=myfs bs=1M count=1
#/sbin/mkfs.ext2 myfs
```

其中，第 1 条命令使用/dev/zero 文件创建了 myfs 文件，第 2 条命令使用 ext2 文件系统对 myfs 文件进行了格式化。执行结果如图 11.8 所示。

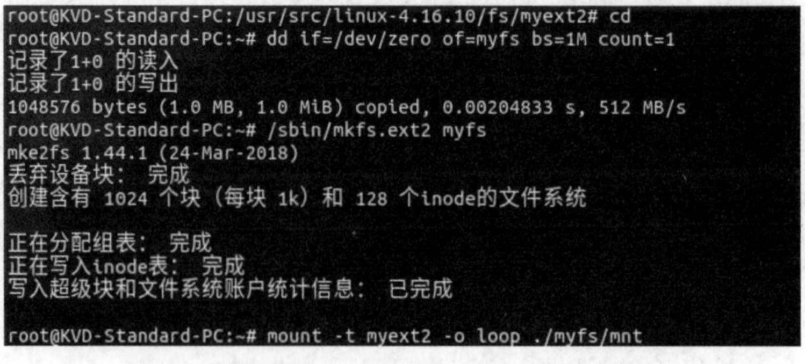

```
root@KVD-Standard-PC:/usr/src/linux-4.16.10/fs/myext2# cd
root@KVD-Standard-PC:~# dd if=/dev/zero of=myfs bs=1M count=1
记录了1+0 的读入
记录了1+0 的写出
1048576 bytes (1.0 MB, 1.0 MiB) copied, 0.00204833 s, 512 MB/s
root@KVD-Standard-PC:~# /sbin/mkfs.ext2 myfs
mke2fs 1.44.1 (24-Mar-2018)
丢弃设备块： 完成
创建含有 1024 个块（每块 1k）和 128 个inode的文件系统

正在分配组表： 完成
正在写入inode表： 完成
写入超级块和文件系统账户统计信息： 已完成

root@KVD-Standard-PC:~# mount -t myext2 -o loop ./myfs/mnt
```

图 11.8　创建测试文件 myfs 并使用 ext2 文件系统进行格式化

使用 myext2 文件系统将文件 myfs 挂载到设备/mnt 上并查看。执行以下两条命令，执行结果如图 11.9 所示：刚加载的信息会在最后显示出来，这表示 myfs 文件已经以 myext2

格式被挂载到了设备/mnt 上。

```
#mount -t myext2 -o loop ./myfs /mnt
#mount    //列出已挂载文件的信息
```

```
tmpfs on /run/user/1000 type tmpfs (rw,nosuid,nodev,relatime,size=403904k,mode=700,uid=1000,gid
=1000)
gvfsd-fuse on /run/user/1000/gvfs type fuse.gvfsd-fuse (rw,nosuid,nodev,relatime,user_id=1000,g
roup_id=1000)
tmpfs on /run/snapd/ns type tmpfs (rw,nosuid,noexec,relatime,size=403908k,mode=755)
nsfs on /run/snapd/ns/wps-2019-snap.mnt type nsfs (rw)
/root/myfs on /mnt type myext2 (rw,relatime,errors=continue)
root@KVD-Standard-PC:~#
```

图 11.9　挂载 myfs 文件并查看

将文件 myfs 从/mnt 设备上卸载，并使用 ext2 文件系统重新挂载，操作也可以成功，因为 ext2 文件系统和我们创建的 myext2 文件系统是相同的。同样可以通过 mount 命令进行查看，代码如下，执行结果如图 11.10 所示，myfs 文件的格式已变为 ext2。

```
#umount /mnt
#mount -t ext2 -o loop ./myfs /mnt
#mount
```

```
tmpfs on /run/user/1000 type tmpfs (rw,nosuid,nodev,relatime,size=403904k,mode=700,uid=1000,gid
=1000)
gvfsd-fuse on /run/user/1000/gvfs type fuse.gvfsd-fuse (rw,nosuid,nodev,relatime,user_id=1000,g
roup_id=1000)
tmpfs on /run/snapd/ns type tmpfs (rw,nosuid,noexec,relatime,size=403908k,mode=755)
nsfs on /run/snapd/ns/wps-2019-snap.mnt type nsfs (rw)
/root/myfs on /mnt type ext2 (rw,relatime,block_validity,barrier,user_xattr,acl)
root@KVD-Standard-PC:~#
```

图 11.10　myfs 文件的格式已变为 ext2

卸载 myfs 文件，同时卸载刚才挂载的模块。

```
#umount /mnt
#rmmod myext2   //卸载模块
```

2. 修改 myext2 文件系统的 magic number

在步骤 1 的基础上，找到 myext2 文件系统的 magic number，并将其值改为 0x6666。

在 4.16.10 版本的 Linux 内核中，该值在 include/uapi/linux/magic.h 文件中，将其修改后如图 11.11 所示。

```
- #define MYEXT2_SUPER_MAGIC 0xEF53
+ #define MYEXT2_SUPER_MAGIC 0x6666
```

```
/* SPDX-License-Identifier: GPL-2.0 WITH Linux-syscall-note */
#ifndef __LINUX_MAGIC_H__
#define __LINUX_MAGIC_H__

#define MYEXT2_SUPER_MAGIC      0x6666
#define ADFS_SUPER_MAGIC        0xadf5
#define AFFS_SUPER_MAGIC        0xadff
#define AFS_SUPER_MAGIC                 0x5346414F
#define AUTOFS_SUPER_MAGIC      0x0187
```

图 11.11　修改 magic number

修改完之后，使用 make 命令重新编译内核模块，然后使用 insmod 命令安装编译好的 myext2.ko 内核模块，编译结果如图 11.12 所示。

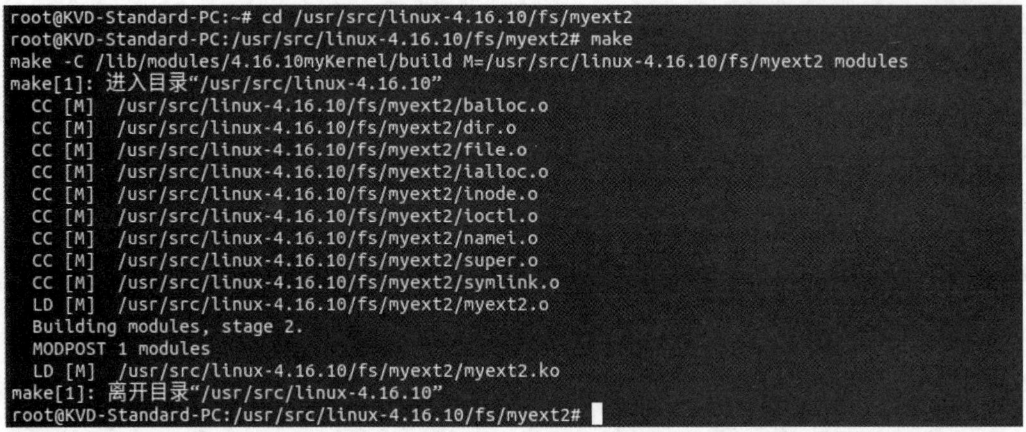

图 11.12　重新编译内核模块 myext2

　　编写程序 changeMN.c，修改创建的 myfs 文件系统的 magic number，使其与内核中记录的 myext2 文件系统的 magic number 匹配，只有这样 myfs 文件系统才能被正确加载。编译完 changeMN.c 程序后，产生的可执行程序名为 changeMN。

```
# gcc -o changeMN changeMN.c
```

　　输入如下测试命令，创建测试文件 myfs，然后使用 ext2 文件系统对其进行格式化。执行结果如图 11.13 所示。

```
#dd if=/dev/zero of=myfs bs=1M count=1
#/sbin/mkfs.ext2 myfs
#./changeMN myfs
```

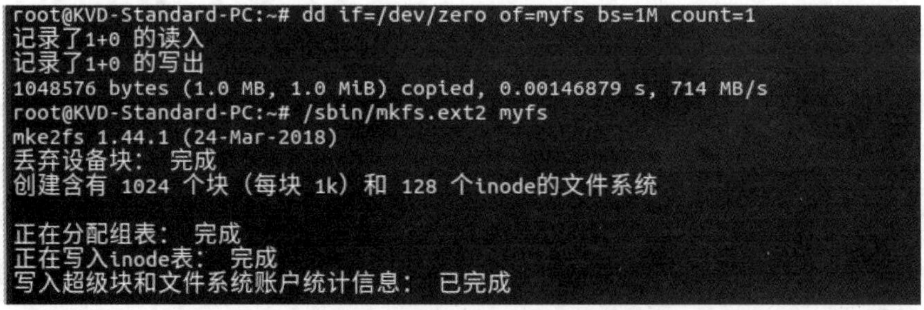

图 11.13　创建测试文件 myfs 并使用 ext2 文件系统进行格式化结果

　　执行可执行程序 changeMN，输出结果如图 11.14 所示：新建了文件 fs.new，同时 fs.new 文件的 magic number 被修改为 0x6666。

图 11.14　执行可执行程序 changeMN 以修改 myfs 文件的 magic number

　　继续测试，使用 myext2 文件系统对文件 fs.new 进行格式化并将其挂载到设备/mnt 上，然后使用 mount 命令列出已挂载文件的信息并查看挂载结果，执行如下命令，结果如图 11.15 所示，挂载成功。

```
#mount -t myext2 -o loop ./fs.new /mnt
#mount
```

```
gvfsd-fuse on /run/user/1000/gvfs type fuse.gvfsd-fuse (rw,nosuid,nodev,relatime,user_id=1000,g
roup_id=1000)
tmpfs on /run/snapd/ns type tmpfs (rw,nosuid,noexec,relatime,size=403908k,mode=755)
nsfs on /run/snapd/ns/wps-2019-snap.mnt type nsfs (rw)
/root/fs.new on /mnt type myext2 (rw,relatime,errors=continue)
root@KVD-Standard-PC:~#
```

图 11.15　挂载 fs.new 文件并查看

最后，尝试一下 fs.new 文件是否可以使用 ext2 文件系统进行格式化并挂载，结果得到错误提示，如图 11.16 所示，原因是修改了 magic number 后的 fs.new 文件无法与 ext2 文件系统匹配。

```
#sudo umount /mnt                                   //卸载文件挂载
#sudo mount -t ext2 -o loop ./fs.new /mnt           //尝试使用 ext2 文件系统进行格式化
#rmmod myext2                                        //卸载加载的模块
```

```
root@KVD-Standard-PC:~# umount /mnt
root@KVD-Standard-PC:~# mount -t ext2 -o loop ./fs.new /mnt
mount: /mnt: wrong fs type, bad option, bad superblock on /dev/loop22, missing codepage or help
er program, or other error.
root@KVD-Standard-PC:~#
```

图 11.16　fs.new 文件不支持使用 ext2 文件系统进行格式化

3．修改文件系统操作

在搭建完 myext2 文件系统的总体框架后，修改 myext2 文件系统支持的一些操作，以加深读者对文件系统操作的理解。我们以裁剪 myext2 文件系统的 mknod 操作为例，说明一下具体的实现流程。修改所用的代码请参考实验指导部分。

修改完毕后，重新编译内核，如图 11.17 所示。

```
root@KVD-Standard-PC:/usr/src/linux-4.16.10/fs/myext2# vi namei.c
root@KVD-Standard-PC:/usr/src/linux-4.16.10/fs/myext2# make
make -C /lib/modules/4.16.10myKernel/build M=/usr/src/linux-4.16.10/fs/myext2 modules
make[1]: 进入目录"/usr/src/linux-4.16.10"
  CC [M]  /usr/src/linux-4.16.10/fs/myext2/namei.o
  LD [M]  /usr/src/linux-4.16.10/fs/myext2/myext2.o
  Building modules, stage 2.
  MODPOST 1 modules
  CC      /usr/src/linux-4.16.10/fs/myext2/myext2.mod.o
  LD [M]  /usr/src/linux-4.16.10/fs/myext2/myext2.ko
make[1]: 离开目录"/usr/src/linux-4.16.10"
root@KVD-Standard-PC:/usr/src/linux-4.16.10/fs/myext2# insmod myext2.ko
root@KVD-Standard-PC:/usr/src/linux-4.16.10/fs/myext2#
```

图 11.17　修改文件系统后重新编译并加载内核模块

执行如下测试程序，执行结果如图 11.18 所示。

```
#mount -t myext2 -o loop ./fs.new /mnt    //将 fs.new 加载到/mnt 目录下
#cd /mnt              //进入/mnt 目录，即进入 fs.new 这个 myext2 文件系统
#mknod myfifo p    //创建一个名为 myfifo 的命名管道
```

```
root@KVD-Standard-PC:~# mount -t myext2 -o loop ./fs.new /mnt
root@KVD-Standard-PC:~# cd /mnt
root@KVD-Standard-PC:/mnt# mknod myfifo p
mknod: myfifo: 不允许的操作
root@KVD-Standard-PC:/mnt#
```

图 11.18　myext2_mknod()函数输出的结果

图 11.18 中的第 4 行正是我们修改了 myext2_mknod()函数而将错误号 EPERM 返回给 Shell 的结果。需要注意的是，如果是在图形用户界面下使用虚拟控制台，那么 printk 打印出来的信息不一定能在终端显示出来，但可以通过命令 dmesg|tail 进行查看，如图 11.19 所示。

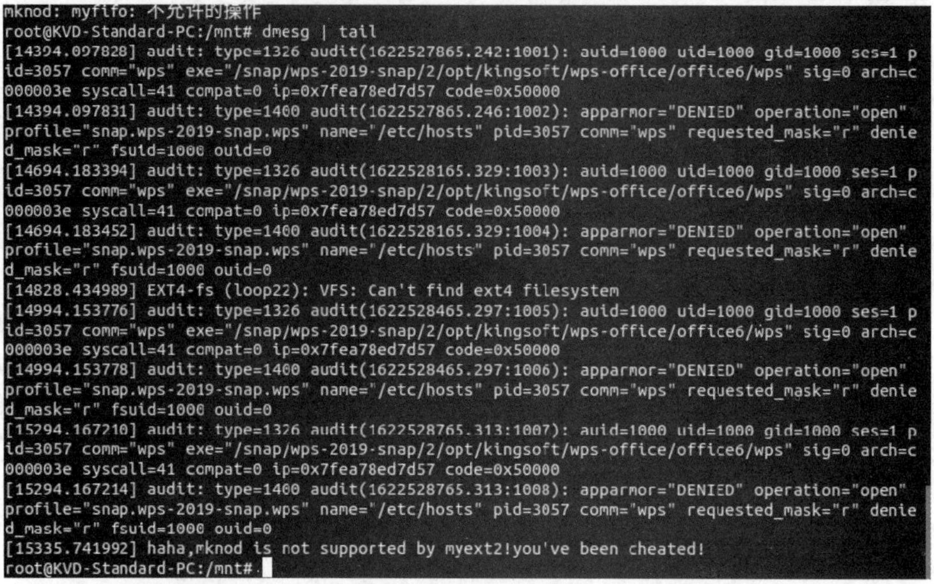

```
mknod: myfifo: 不允许的操作
root@KVD-Standard-PC:/mnt# dmesg | tail
[14394.097828] audit: type=1326 audit(1622527865.242:1001): auid=1000 uid=1000 gid=1000 ses=1 pid=3057 comm="wps" exe="/snap/wps-2019-snap/2/opt/kingsoft/wps-office/office6/wps" sig=0 arch=c000003e syscall=41 compat=0 ip=0x7fea78ed7d57 code=0x50000
[14394.097831] audit: type=1400 audit(1622527865.246:1002): apparmor="DENIED" operation="open" profile="snap.wps-2019-snap.wps" name="/etc/hosts" pid=3057 comm="wps" requested_mask="r" denied_mask="r" fsuid=1000 ouid=0
[14694.183394] audit: type=1326 audit(1622528165.329:1003): auid=1000 uid=1000 gid=1000 ses=1 pid=3057 comm="wps" exe="/snap/wps-2019-snap/2/opt/kingsoft/wps-office/office6/wps" sig=0 arch=c000003e syscall=41 compat=0 ip=0x7fea78ed7d57 code=0x50000
[14694.183452] audit: type=1400 audit(1622528165.329:1004): apparmor="DENIED" operation="open" profile="snap.wps-2019-snap.wps" name="/etc/hosts" pid=3057 comm="wps" requested_mask="r" denied_mask="r" fsuid=1000 ouid=0
[14828.434989] EXT4-fs (loop22): VFS: Can't find ext4 filesystem
[14994.153776] audit: type=1326 audit(1622528465.297:1005): auid=1000 uid=1000 gid=1000 ses=1 pid=3057 comm="wps" exe="/snap/wps-2019-snap/2/opt/kingsoft/wps-office/office6/wps" sig=0 arch=c000003e syscall=41 compat=0 ip=0x7fea78ed7d57 code=0x50000
[14994.153778] audit: type=1400 audit(1622528465.297:1006): apparmor="DENIED" operation="open" profile="snap.wps-2019-snap.wps" name="/etc/hosts" pid=3057 comm="wps" requested_mask="r" denied_mask="r" fsuid=1000 ouid=0
[15294.167210] audit: type=1326 audit(1622528765.313:1007): auid=1000 uid=1000 gid=1000 ses=1 pid=3057 comm="wps" exe="/snap/wps-2019-snap/2/opt/kingsoft/wps-office/office6/wps" sig=0 arch=c000003e syscall=41 compat=0 ip=0x7fea78ed7d57 code=0x50000
[15294.167214] audit: type=1400 audit(1622528765.313:1008): apparmor="DENIED" operation="open" profile="snap.wps-2019-snap.wps" name="/etc/hosts" pid=3057 comm="wps" requested_mask="r" denied_mask="r" fsuid=1000 ouid=0
[15335.741992] haha,mknod is not supported by myext2!you've been cheated!
root@KVD-Standard-PC:/mnt#
```

图 11.19　通过命令 dmesg|tail 查看 printk 打印出来的信息（裁剪后的）

由图 11.19 可以看出，系统日志中输出了错误的提示，裁剪工作取得了预期效果。

4．添加文件系统创建工具

我们的目的是制作出一个更快捷方便的 myext2 文件系统的创建工具：mkfs.myext2（名称上与 mkfs.ext2 保持一致）。Shell 脚本的编写请参考实验指导部分。编辑完之后，进行如下测试，测试结果如图 11.20 所示。

```
# dd if=/dev/zero of=myfs bs=1M count=1
# chmod +x mkfs.myext2
# ./mkfs.myext2 myfs  (或 sudo bash mkfs.myext2 myfs )
# sudo mount -t myext2 -o loop ./myfs /mnt
```

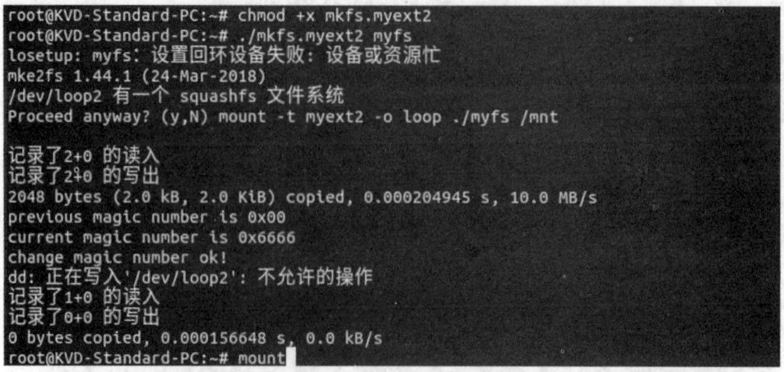

```
root@KVD-Standard-PC:~# chmod +x mkfs.myext2
root@KVD-Standard-PC:~# ./mkfs.myext2 myfs
losetup: myfs: 设置回环设备失败: 设备或资源忙
mke2fs 1.44.1 (24-Mar-2018)
/dev/loop2 有一个 squashfs 文件系统
Proceed anyway? (y,N) mount -t myext2 -o loop ./myfs /mnt

记录了2+0 的读入
记录了2+0 的写出
2048 bytes (2.0 kB, 2.0 KiB) copied, 0.000204945 s, 10.0 MB/s
previous magic number is 0x00
current magic number is 0x6666
change magic number ok!
dd: 正在写入'/dev/loop2': 不允许的操作
记录了1+0 的读入
记录了0+0 的写出
0 bytes copied, 0.000156648 s, 0.0 kB/s
root@KVD-Standard-PC:~# mount
```

图 11.20　测试 mkfs.myext2

使用# mount 查看挂载情况，结果如图 11.21 所示。

```
tmpfs on /run/user/1000 type tmpfs (rw,nosuid,nodev,relatime,size=403904k,mode=700,uid=1000,gid
=1000)
gvfsd-fuse on /run/user/1000/gvfs type fuse.gvfsd-fuse (rw,nosuid,nodev,relatime,user_id=1000,g
roup_id=1000)
tmpfs on /run/snapd/ns type tmpfs (rw,nosuid,noexec,relatime,size=403908k,mode=755)
nsfs on /run/snapd/ns/wps-2019-snap.mnt type nsfs (rw)
/root/fs.new on /mnt type myext2 (rw,relatime,errors=continue)
root@KVD-Standard-PC:~#
```

图 11.21　fs.new 已被成功挂载

至此，文件系统部分的实验已经全部完成。通过本实验，读者应该对 Linux 整个文件系统的运作流程，如何添加文件系统，以及如何修改 Linux 文件系统操作，有了比较深入的了解。在本实验的基础上，读者完全可以发挥自己的创造性，构造出自己的文件系统并将其添加到 Linux 中。

五、实验思考

结合前面章节讲述的内核编译知识，将 myext2 文件系统直接编译进内核，然后重启内核并挂载文件系统进行测试。

第 12 章
设备管理

计算机系统中可能会使用各种各样的设备，例如存储设备（如磁盘、磁带等）、传输设备（如网线、蓝牙模块等）和人机交互设备（如屏幕、键盘、鼠标、音箱等）。而在 Linux 系统中，一切（包括设备）都可以被看作文件，如文档、目录、键盘、监视器、硬盘、打印机、调制解调器、虚拟终端，以及进程间通信和网络通信等输入/输出资源等，都是定义在文件系统空间下的字节流。那么在 Linux 系统中如何实现设备的管理呢？这是本章将要重点实践的内容。

12.1 Linux 设备管理介绍

设备管理

我们的计算机系统中存在大量的设备，如摄像头、USB 模块、蓝牙模块、Wi-Fi 模块等，这些设备在电气特性和实现原理上均不相同，那么 Linux 系统是如何对它们进行抽象和描述的呢？Linux 很早就根据设备的共同特征将其划分为三大类：字符设备、块设备和网络设备。

（1）字符设备是以字节为单位传输信息（字符流）的，这种字符流的传输率通常比较低。常见的字符设备有鼠标、键盘、触摸屏等。

（2）块设备是以块为单位传输信息的，常见的块设备是磁盘。

（3）网络设备是一类比较特殊的设备，涉及网络协议层，因此将它们单独分为一类。

在 Linux 系统中，对设备的访问是通过文件系统中的设备名进行的，它们通常位于/dev 目录下。示例如下：

```
xxx@ubuntu:~$ ls -l /dev/
total 0
brw-rw----  1 root disk      7,   0 3月 25 10:34 loop0
brw-rw----  1 root disk      7,   1 3月 25 10:34 loop1
```

```
brw-rw----   1 root disk     7,   2 3月 25 10:34 loop2
crw-rw-rw-   1 root tty      5,   0 3月 25 12:48 tty
crw--w----   1 root tty      4,   0 3月 25 10:34 tty0
crw-rw----   1 root tty      4,   1 3月 25 10:34 tty1
crw--w----   1 root tty      4,  10 3月 25 10:34 tty10
```

其中：b 代表块设备，c 代表字符设备。对于普通文件来说，ls –l 命令会列出文件的长度；而对于设备文件来说，上面的 7、5、4 代表的是对应设备的主设备号，而后面的 0、1、2、10 则是对应设备的次设备号。那么主设备号和次设备号分别代表什么意义呢？一般情况下可以这样理解，主设备号标识设备对应的驱动程序，也就是说，1 个主设备号对应 1 个驱动程序。当然，现在也有多个驱动程序共享主设备号的情况。而次设备号由内核使用，用于确定/dev 目录下的设备文件所对应的具体设备。举个例子，虚拟控制台和串口终端由驱动程序 4 管理，而不同的终端分别有不同的次设备号。

12.2　设备驱动原理

字符设备的特点是逐字节读写，读取数据时需要按照先后顺序进行（即顺序读取）。常见的字符设备有鼠标、键盘、触摸屏等。每个字符设备在/dev 目录下都对应一个设备文件，Linux 用户程序通过设备文件（或称设备节点）来使用驱动程序操作字符设备。上层应用调用底层驱动的步骤如下。

（1）应用层的程序利用 open("/dev/xxx",mode,flags)打开设备文件，进入内核（即虚拟文件系统）。

（2）VFS 层的设备文件有对应的 struct inode，其中包含设备对应的设备号、设备类型以及设备的结构体。

（3）在驱动层，根据设备类型和设备号就可以找到对应的设备驱动的结构体，用 i_cdev 将其保存。该结构体中有一个很重要的操作函数接口：file_operations。

（4）在打开设备文件时，Linux 会分配一个 struct file 结构体；可以将操作函数接口的地址保存在该结构体中。

（5）VFS 层向应用层返回一个 fd，fd 是和 struct file 对应的，这样应用层就可以通过 fd 来调用操作函数了（即可通过驱动层调用硬件设备）。

块设备的特点是：数据是以固定长度进行传输的，比如 512 KB，并且允许从设备的任意位置（可跳）进行读取。但实际上，块设备会读一定长度的内容，而只返回用户要求访问的内容，因此实际上还是读了全部内容。块设备包括硬盘、磁盘、U 盘和 SD 卡等。每个块设备在/dev 目录下都对应一个设备文件，Linux 用户程序通过设备文件（或称设备节点）来使用驱动程序操作块设备。块设备可以容纳文件系统。

12.3　实验 12.1：编写字符设备驱动程序

一、实验目的

（1）了解 Linux 字符设备管理机制。

（2）学习字符设备的基本管理方法。

（3）学会编写简单的字符设备驱动程序的方法。

二、实验内容

（1）编写字符设备驱动程序，要求能对字符设备执行打开、读、写、I/O 控制和关闭这 5 项基本操作。

（2）编写一个应用程序，测试添加的字符设备和块设备驱动程序的正确性。

三、实验指导

本实验涉及的操作需要管理员权限，因此我们需要切换到 root 权限或使用 sudo 命令。具体的操作步骤如下。

（1）编写设备驱动源程序，即编写内核模块文件 chardev.c 和 Makefile 文件。

（2）使用 make 命令编译驱动模块。

（3）使用 insmod 命令安装驱动模块。

（4）创建字符设备文件，方法是使用 mknod 命令，语法格式为：mknod /dev/文件名 c 主设备号 次设备号。然后使用 ls /dev 命令查看所创建的字符设备文件。

（5）编写测试程序 test.c，访问创建的字符设备文件，并使用 gcc 编译这个字符设备文件，然后运行。

（6）使用 rmmod 卸载模块。

（7）使用 rm 命令删除所创建的字符设备文件。

chardev.c 文件中的示例内容如下：

```
#include<linux/init.h>
#include<linux/kernel.h>
#include<linux/slab.h>
#include<linux/module.h>
#include<linux/moduleparam.h>
#include<linux/fs.h>
#include<linux/uaccess.h>
#define SUCCESS  0
#define DEVICE_NAME  "chardev"
#define BUF_LEN 80
static int Major;
static int Device_Open =0;
```

```
static char msg[BUF_LEN];
static char *msg_Ptr;
static int device_open(struct inode *inode,struct file *file);
static int device_release(struct inode *inode,struct file *file);
static ssize_t device_read(struct file *filp,char *buffer,size_tlength,
loff_t *offset);
static ssize_t device_write(struct file *filp,const char *buff,size_tlength,
loff_t *off);
static struct file_operations fops = {
         .read = device_read,
         .write = device_write,
         .open = device_open,
         .release = device_release
};
//打开设备
static int device_open(struct inode *inode,struct file *file)
{
    static int counter = 0;
    if(Device_Open)
         return -EBUSY;
    Device_Open++;
    sprintf(msg, "I already told you %d times Hello world\n", counter++);
    msg_Ptr =msg;
    try_module_get(THIS_MODULE);
    return SUCCESS;
}
//释放设备
static int device_release(struct inode *inode,struct file *file)
{
    Device_Open--;
    module_put(THIS_MODULE);
    return 0;
}
//读设备
static ssize_t device_read(struct file *filp,char *buffer,size_tlength,
loff_t*offset)
{
    if(*msg_Ptr == 0)
         return 0;
    copy_to_user(buffer, msg_Ptr, length);
    return strlen(msg);
}
//写设备
static ssize_t device_write(struct file *filp,const char *buff,size_tlength,
loff_t *off)
{
    printk("<1> Sorry this operation isn't supported\n "); //未实现写的功能
```

```
        return -EINVAL;
}
//初始化字符设备
int init_chardev_module(void)
{
    Major = register_chrdev(0,DEVICE_NAME,&fops);
    if(Major <0){
        printk("Registering the character device failed with %d \n ",
        Major);
        return Major;
    }
    printk("<1> I was assigned major number %d ", Major);
    printk("<1> the drive, create a dev file");
    printk("<1> mknod /dev/hello c %d 0.\n" ,Major);
    printk("<1> I was assigned major number %d ", Major);
    printk("<1> the device file\n" );
    printk("<1> Remove the file device and module when done\n");
    return 0;
}
//关闭字符设备
void exit_chardev_module(void)
{
    unregister_chrdev(Major, DEVICE_NAME);
}
MODULE_LICENSE("Dual BSD/GPL");
module_init(init_chardev_module);
module_exit(exit_chardev_module);
```

Makefile 文件中的示例内容如下：

```
TARGET=chardev
obj-m += $(TARGET).o
cc=gcc
KDIR := /lib/modules/$(shell uname -r)/build
PWD := $(shell pwd)
all: modules
modules:
    $(MAKE) -C $(KDIR) M=$(PWD) modules
clean:
    $(MAKE) -C $(KDIR) M=$(PWD) clean
```

测试文件 test.c 中的示例代码如下：

```
#include<stdio.h>
#include<stdlib.h>
#include<unistd.h>
#include<sys/stat.h>
#include<fcntl.h>
#include<sys/types.h>
int main()
{
```

```
    char buf[4096] = {"I have already told you 1 time hello world"};
    int fd =open("/dev/hello",O_RDWR );
    int ret = read(fd ,buf ,sizeof(buf));
    buf[ret] = '\0';
    printf("%s\n",buf);
}
```

四、实验结果

（1）使用 make 命令编译字符设备驱动模块，如图 12.1 所示。

```
root@mindy-OptiPlex-3010:/home/mindy/ch12/chardev# make
make -C /lib/modules/4.15.11/build M=/home/mindy/ch12/chardev modules
make[1]: Entering directory '/usr/src/linux-4.15.11'
  CC [M]  /home/mindy/ch12/chardev/chardev.o
  Building modules, stage 2.
  MODPOST 1 modules
  CC      /home/mindy/ch12/chardev/chardev.mod.o
  LD [M]  /home/mindy/ch12/chardev/chardev.ko
make[1]: Leaving directory '/usr/src/linux-4.15.11'
```

图 12.1　编译字符设备驱动模块

（2）使用 insmod chardev.ko 命令安装编译好的字符驱动模块，使用 lsmod | grep chardev 命令可以查看该模块是否装载成功，如图 12.2 所示。

```
root@mindy-OptiPlex-3010:/home/mindy/ch12/chardev# insmod chardev.ko
root@mindy-OptiPlex-3010:/home/mindy/ch12/chardev# lsmod | grep chardev
chardev                16384  0
```

图 12.2　查看模块是否装载成功

（3）使用 dmesg 命令查看系统分配的主设备号，结果如图 12.3 所示，图中的 242 即主设备号。

```
[289719.606649] <1> I was assigned major number 242
[289719.606652] <1> the drive, create a dev file
[289719.606654] <1> mknod /dev/hello c 242 0.
[289719.606655] <1> I was assigned major number 242
[289719.606656] <1> the device file
[289719.606657] <1> Remove the file device and module when done
```

图 12.3　查看系统分配的主设备号

（4）根据输出的主设备号，利用 mknod 命令创建设备，如图 12.4 所示。

```
root@mindy-OptiPlex-3010:/home/mindy/ch12/chardev# mknod /dev/hello c 242 0
\root@mindy-OptiPlex-3010:/home/mindy/ch12/chardev#
```

图 12.4　创建设备

（5）编译并运行测试程序 test.c，结果如图 12.5 所示，说明该字符设备可以正常工作。

```
root@mindy-OptiPlex-3010:/home/mindy/ch12/chardev# ./a.out
I already told you 0 times Hello world
root@mindy-OptiPlex-3010:/home/mindy/ch12/chardev# ./a.out
I already told you 1 times Hello world
root@mindy-OptiPlex-3010:/home/mindy/ch12/chardev# ./a.out
I already told you 2 times Hello world
root@mindy-OptiPlex-3010:/home/mindy/ch12/chardev# ./a.out
I already told you 3 times Hello world
root@mindy-OptiPlex-3010:/home/mindy/ch12/chardev# ./a.out
I already told you 4 times Hello world
```

图 12.5　测试程序 test.c 的运行结果

至此，字符设备工作正常，实验成功。当不再需要该字符设备时，请读者记得卸载模块和设备。

五、实验思考

（1）修改测试文件，实现向字符设备写数据。

（2）总结并分析实验中出现的问题及对应的解决方法。

12.4　实验 12.2：编写块设备驱动程序

一、实验目的

（1）了解 Linux 块设备管理机制。

（2）学习块设备的基本管理方法。

（3）学会编写一个简单的块设备驱动程序。

二、实验内容

编写一个简单的块设备驱动程序，实现一套内存中的虚拟磁盘驱动器，并通过实际操作验证块设备驱动是否可以正常工作。

三、实验指导

本实验涉及的操作需要管理员权限，因此需要切换到 root 权限或使用 sudo 命令。具体的操作步骤如下。

（1）编写设备驱动源程序，即编写内核模块文件 simp_blkdev.c 和 Makefile 文件。

（2）使用 make 命令编译驱动模块。

（3）使用 insmod 命令安装驱动模块。

（4）使用 lsblk 命令列出当前的块设备信息。

（5）格式化设备 simp_blkdev。

（6）创建挂载点并挂载块设备。

（7）查看模块使用情况，会发现模块已被调用。

（8）对块设备驱动进行调用测试。

（9）取消挂载，查看模块调用结果。

（10）使用 rmmod 命令卸载模块。

simp_blkdev.c 文件的示例内容如下：

```
#include <linux/module.h>
#include <linux/blkdev.h>
```

```
#define SIMP_BLKDEV_DISKNAME "simp_blkdev"
#define SIMP_BLKDEV_DEVICEMAJOR COMPAQ_SMART2_MAJOR
#define SIMP_BLKDEV_BYTES (50*1024*1024)
#define SECTOR_SIZE_SHIFT 9
static struct gendisk *simp_blkdev_disk;
static struct block_device_operations simp_blkdev_fops = {
    .owner = THIS_MODULE,
};
static struct request_queue *simp_blkdev_queue;
unsigned char simp_blkdev_data[SIMP_BLKDEV_BYTES];
/*磁盘块设备数据请求处理函数*/
static void simp_blkdev_do_request(struct request_queue *q){
    struct request *req;      //正在处理的请求队列中的请求
    struct bio *req_bio;      //当前请求的bio
    struct bio_vec *bvec;     //当前请求bio的段
    char *disk_mem;           //需要读/写的磁盘区域
    char *buffer;             //磁盘块设备的请求在内存中所处的缓冲区
    int i = 0;
    while((req = blk_fetch_request(q)) != NULL){
        //判断当前req是否合法
        if((blk_rq_pos(req)<<SECTOR_SIZE_SHIFT)+blk_rq_bytes(req)>SIMP_
        BLKDEV_BYTES){
            printk(KERN_ERR SIMP_BLKDEV_DISKNAME": bad request:block=%llu,
            count=%u \n", (unsigned long long)blk_rq_pos(req),
            blk_rq_sectors(req));
            blk_end_request_all(req, -EIO);
            continue;
        }
        //获取需要操作的内存位置
        disk_mem = simp_blkdev_data + (blk_rq_pos(req) << SECTOR_SIZE_SHIFT);
        req_bio = req->bio; //获取当前请求的bio
        switch(rq_data_dir(req)){
        case READ:
            while(req_bio != NULL){
                for(i=0;i<req_bio->bi_vcnt;i++){
                    bvec = &(req_bio->bi_io_vec[i]);
                    buffer = kmap(bvec->bv_page) + bvec->bv_offset;
                    memcpy(buffer,disk_mem,bvec->bv_len);
                    kunmap(bvec->bv_page);
                    disk_mem += bvec->bv_len;
                }
                req_bio = req_bio->bi_next;
            }
            __blk_end_request_all(req,0);
            break;
```

```
                    case WRITE:
                        while(req_bio != NULL){
                            for(i=0;i<req_bio->bi_vcnt;i++){
                                bvec = &(req_bio->bi_io_vec[i]);
                                buffer = kmap(bvec->bv_page) + bvec->bv_offset;
                                memcpy(disk_mem,buffer,bvec->bv_len);
                                kunmap(bvec->bv_page);
                                disk_mem += bvec->bv_len;
                            }
                            req_bio = req_bio->bi_next;
                        }
                        __blk_end_request_all(req,0);
                    default:
                        break;
                }
            }
}
/* 模块入口函数 */
static int __init simp_blkdev_init(void){
    int ret;
    //(1)在添加设备之前，先申请设备资源
    simp_blkdev_disk = alloc_disk(1);
    if(!simp_blkdev_disk){
        ret = -ENOMEM;
        goto err_alloc_disk;
    }
    //(2)设置设备相关属性（如设备名、设备号、请求队列等）
    strcpy(simp_blkdev_disk->disk_name,SIMP_BLKDEV_DISKNAME);
    simp_blkdev_disk->major = SIMP_BLKDEV_DEVICEMAJOR;
    simp_blkdev_disk->first_minor = 0;
    simp_blkdev_disk->fops = &simp_blkdev_fops;
    //将块设备请求处理函数的地址传入blk_init_queue()函数并初始化一个请求队列
    simp_blkdev_queue = blk_init_queue(simp_blkdev_do_request, NULL);
    if(!simp_blkdev_queue){
        ret = -ENOMEM;
        goto err_init_queue;
    }
    simp_blkdev_disk->queue = simp_blkdev_queue;
    set_capacity(simp_blkdev_disk, SIMP_BLKDEV_BYTES>>9);
    //(3)在入口处添加磁盘块设备
    add_disk(simp_blkdev_disk);
    return 0;
    err_alloc_disk:
        return ret;
    err_init_queue:
        return ret;
}
```

```
/* 模块出口函数 */
static void __exit simp_blkdev_exit(void){
    del_gendisk(simp_blkdev_disk);          //释放磁盘块设备
    put_disk(simp_blkdev_disk);             //释放申请的设备资源
    blk_cleanup_queue(simp_blkdev_queue);   //清除请求队列
}
MODULE_LICENSE("GPL");
module_init(simp_blkdev_init);
module_exit(simp_blkdev_exit);
```

Makefile 文件中的示例内容如下：

```
TARGET = simp_blkdev
obj-m += $(TARGET).o
cc=gcc
KDIR := /lib/modules/$(shell uname -r)/build
PWD := $(shell pwd)
all: modules
modules:
    $(MAKE) -C $(KDIR) M=$(PWD) modules
clean:
    $(MAKE) -C $(KDIR) M=$(PWD) clean
```

四、实验结果

（1）使用 make 命令编译块设备驱动模块，如图 12.6 所示。

```
# make
```

图 12.6　编译块设备驱动模块

（2）挂载块设备驱动模块 simp_blkdev.ko，并使用 lsmod | grep simp_bikdev 命令查看是否挂载成功，图 12.7 显示模块已经挂载成功，且使用者为 0。

```
# insmod simp_blkdev.ko
# lsmod | grep simp_blkdev
```

计算机操作系统实验指导（Linux版）（附微课视频）

```
root@mindy-OptiPlex-3010:/home/mindy/ch12/blockdev# lsmod | grep simp_blkdev
simp_blkdev          52445184  0
```

图 12.7　查看模块是否挂载成功

（3）使用 lsblk 命令列出当前的块设备信息，可以看到刚添加的设备 simp_blkdev，且其大小为 50 MB，如图 12.8 所示。

```
root@mindy-OptiPlex-3010:/home/mindy/ch12/blockdev# lsblk
NAME        MAJ:MIN RM   SIZE RO TYPE MOUNTPOINT
simp_blkdev  72:0    0    50M  0 disk
sr0          11:0    1  1024M  0 rom
sda           8:0    0 465.8G  0 disk
├─sda2        8:2    0     1K  0 part
├─sda9        8:9    0   3.9G  0 part [SWAP]
├─sda7        8:7    0 121.7G  0 part
├─sda5        8:5    0   122G  0 part
├─sda1        8:1    0   100G  0 part
├─sda8        8:8    0  50.6G  0 part /
└─sda6        8:6    0  67.5G  0 part
```

图 12.8　查看系统中的块设备

（4）格式化设备 simp_blkdev，结果如图 12.9 所示。

\# mkfs.ext3 /dev/simp_blkdev 表示在块设备 simp-blkdev 上建立 ext3 文件系统。

```
root@mindy-OptiPlex-3010:/home/mindy/ch12/blockdev# mkfs.ext3 /dev/simp_blkdev
mke2fs 1.42.13 (17-May-2015)
Creating filesystem with 51200 1k blocks and 12824 inodes
Filesystem UUID: b5a6ac7d-77dc-400b-9a3d-767141dd7411
Superblock backups stored on blocks:
        8193, 24577, 40961

Allocating group tables: 完成
正在写入inode表: 完成
Creating journal (4096 blocks): 完成
Writing superblocks and filesystem accounting information: 完成
```

图 12.9　格式化块设备

（5）创建挂载点并挂载块设备。

```
# mkdir -p /mnt/temp1
# mount /dev/simp_blkdev /mnt/temp1
# mount | grep simp_blkdev
```

如果挂载成功，则终端会输出图 12.10 所示的结果。

```
root@mindy-OptiPlex-3010:/home/mindy/ch12/blockdev# mkdir -p /mnt/temp1
root@mindy-OptiPlex-3010:/home/mindy/ch12/blockdev# cd /mnt
root@mindy-OptiPlex-3010:/mnt# ls
temp1
root@mindy-OptiPlex-3010:/mnt# mount /dev/simp_blkdev /mnt/temp1/
root@mindy-OptiPlex-3010:/mnt# mount | grep simp_blkdev
/dev/simp_blkdev on /mnt/temp1 type ext3 (rw,relatime,data=ordered)
```

图 12.10　设备挂载成功

（6）再次查看模块使用情况，发现模块已被调用，且使用者为 1，如图 12.11 所示。

```
# lsmod | grep simp_blkdev
```

```
root@mindy-OptiPlex-3010:/mnt# lsmod | grep simp_blkdev
simp_blkdev              52445184   1
```

图 12.11　模块挂载后的使用情况

（7）对块设备驱动进行调用测试。可以进入/mnt/temp1 目录，并尝试复制文件到该目录下，以验证是否可以使用该设备，如图 12.12 所示。

```
root@mindy-OptiPlex-3010:/home/mindy# cp /etc/init.d/* /mnt/temp1/
root@mindy-OptiPlex-3010:/home/mindy# ls /mnt/temp1/
acpid                   hwclock.sh              README
alsa-utils              irqbalance              reboot
anacron                 kerneloops              resolvconf
apparmor                keyboard-setup          rsync
apport                  killprocs               rsyslog
avahi-daemon            kmod                    saned
bluetooth               lightdm                 sendsigs
bootmisc.sh             mountall-bootclean.sh   single
brltty                  mountall.sh             skeleton
cgmanager               mountdevsubfs.sh        speech-dispatcher
cgproxy                 mountkernfs.sh          thermald
checkfs.sh              mountnfs-bootclean.sh   udev
checkroot-bootclean.sh  mountnfs.sh             ufw
checkroot.sh            networking              umountfs
console-setup           network-manager         umountnfs.sh
cron                    ondemand                umountroot
cups                    plymouth                unattended-upgrades
cups-browsed            plymouth-log            urandom
dbus                    pppd-dns                uuidd
dns-clean               procps                  whoopsie
grub-common             rc                      x11-common
halt                    rc.local
hostname.sh             rcS
```

图 12.12　复制文件到块设备

cp /etc/init.d/* /mnt/temp1/表示将另一个目录中的文件复制到挂载目录下。

ls /mnt/temp1/表示查看复制进来的文件。

（8）查看资源使用情况，如图 12.13 所示。

```
root@mindy-OptiPlex-3010:/mnt# df -h
文件系统              容量     已用    可用   已用% 挂载点
udev                 1.8G       0    1.8G     0% /dev
tmpfs                395M    6.1M    389M     2% /run
/dev/sda8             50G     18G     30G    38% /
tmpfs                2.0G    252K    2.0G     1% /dev/shm
tmpfs                5.0M    4.0K    5.0M     1% /run/lock
tmpfs                2.0G       0    2.0G     0% /sys/fs/cgroup
cgmfs                100K       0    100K     0% /run/cgmanager/fs
tmpfs                395M     52K    395M     1% /run/user/1000
/dev/simp_blkdev      45M    1.1M     41M     3% /mnt/temp1
```

图 12.13　查看资源使用情况

df –h 表示查看资源使用情况，可以看到新增的文件系统的资源使用情况为 3%。

（9）删除文件并再次查看资源使用情况，如图 12.14 所示。

```
root@mindy-OptiPlex-3010:/mnt# rm -rf /mnt/temp1/*
root@mindy-OptiPlex-3010:/mnt# df -h
文件系统              容量     已用    可用   已用% 挂载点
udev                 1.8G       0    1.8G     0% /dev
tmpfs                395M    6.1M    389M     2% /run
/dev/sda8             50G     18G     30G    38% /
tmpfs                2.0G    252K    2.0G     1% /dev/shm
tmpfs                5.0M    4.0K    5.0M     1% /run/lock
tmpfs                2.0G       0    2.0G     0% /sys/fs/cgroup
cgmfs                100K       0    100K     0% /run/cgmanager/fs
tmpfs                395M     52K    395M     1% /run/user/1000
/dev/simp_blkdev      45M    817K     42M     2% /mnt/temp1
```

图 12.14　删除文件并再次查看资源使用情况

rm -rf /mnt/temp1/*表示删除挂载目录中的所有文件。

df –h 表示再次查看资源使用情况，结果变成了 2%。

（10）取消挂载，查看模块调用情况，调用数已从 1 变回 0，如图 12.15 所示。

```
# umount /mnt/temp1/
# lsmod | grep simp_blkdev
```

```
root@mindy-OptiPlex-3010:/mnt# umount /mnt/temp1/
root@mindy-OptiPlex-3010:/mnt# lsmod | grep simp_blkdev
simp_blkdev            52445184  0
```

图 12.15　取消挂载并查看模块调用情况

（11）模块一旦被卸载，就再也找不到了，如图 12.16 所示。

```
# rmmod simp_blkdev
# lsmod | grep simp_blkdev
```

```
root@mindy-OptiPlex-3010:/mnt# rmmod simp_blkdev
root@mindy-OptiPlex-3010:/mnt# lsmod | grep simp_blkdev
root@mindy-OptiPlex-3010:/mnt#
```

图 12.16　卸载模块

五、实验思考

（1）总结并分析实验中出现的问题及对应的解决方法。

（2）分析字符设备与块设备的驱动程序，指出它们在实现过程中的异同点。